JN271154

水危機への戦略的適応策と統合的水管理

立命館大学政策科学部教授

仲上健一 著

技報堂出版

◎まえがき

　気候変動の影響に対する緩和策と適応策の有り様が，水資源環境分野において求められるようになった．従来の問題解決型の土木技術方式による対応が疑問視され，いわゆる第三の道が模索される中で，急激な気候変動による影響が顕在化されたことにより，新たなる道が必要となってきた．

　「持続可能な開発」という反省概念の創出により，21世紀の社会経済システムを展望することが可能と思われたが，自然の脅威は，我々の予想をはるかに超えた規模とスピードで着実に迫りつつある．

　この歴史的な場に立ち会う者として，「なんとか切り抜ける」ことがまず重要であるし，また，何とかしなければならないという認識の確認が必要であろう．

　本書は，水危機に対する認識を鮮明にすることによって，IPCC AR4において指摘された水資源環境影響分析の結果を踏まえつつ，地球温暖化・気候変動による影響への対応策としての適応策を実現することの緊急性について分析し，さらには戦略的適応策の意義を考察することを目的とする．

　本書の構成は，次のとおりである．

　第1章では，水危機対応の国際的潮流を整理し，今日の水資源政策の立脚点を示した．

　第2章では，水危機の今日的様相を渇水，水害，水質汚染というフィールドでの現状を整理し，気候変動と水資源環境影響について整理した．

　第3章では，水危機への適応策と統合的水管理の概念整理とともにそのあり方について考察した．

　第4章では，水危機回避のための戦略的適応策についてのフレームワークについて考察した．

　第5章では，メコン河流域諸国における気候変動への適応策について紹介し，そのあり方について考察した．

　第6章では，水危機と公共水システムの復権という視点で，戦略的適応策のあり方について考察した．

　本書は，文部科学省科学研究費補助金 (基盤研究 (B))「気候変動による水資源環境影響評価分析と統合的水管理」(平成20年度～23年度)(代表，仲上健一) およ

ii / まえがき

び，文部科学省科学研究費補助金 (基盤研究 (B) 海外学術調査)「ASEAN・Divide の克服とメコン川地域開発 (GMS) に関する国際共同研究」(平成 21 年度～23 年度) (代表西口清勝立命館大学特任教授) の研究成果の一部である．

　本書執筆にあたり，第 6 章「水危機と公共水システムの復権」は，筆者の京都大学大学院博士課程の指導教官である末石冨太郎先生の「公共水システムの復権」の関連論文を，レビューし，水危機への戦略的適応策の視点として「公共水システム」の意義を再吟味したものである．関連文献の引用をご許可いただいた末石冨太郎先生の学恩に感謝するものである．

　また，第 1 章の世界水フォーラムおよび国連水発展報告書の要約整理は立命館大学大学院政策科学研究科博士課程後期課程院生濱崎宏則君に負うものが多く，また，立命館大学大学院国際関係学研究科博士課程前期課程院生野中淳子さんには図表の整理等のご協力をいただき，ここに深甚なる謝意を表したい．

　最後に，技報堂出版の小巻慎氏には，出版にあたり的確なご助言をいただき，本書の完成までの労を取っていただいた．ここに改めて感謝申し上げたい．

　2011 年 3 月

仲 上 健 一

◎目次

序　　論 1

第1章　水危機対応の国際的潮流 5

  1.1　水戦略の国際的会議の系譜 5

    1.1.1　マル・デル・プラタ行動計画の意義 5

    1.1.2　アジェンダ21 7

  1.2　世界水フォーラム 8

    1.2.1　第1回世界水フォーラム 8

    1.2.2　第2回世界水フォーラム 9

    1.2.3　第3回世界水フォーラム 10

    1.2.4　第4回世界水フォーラム 11

    1.2.5　第5回世界水フォーラム 12

    1.2.6　第6回世界水フォーラム 13

    1.2.7　第1回アジア太平洋水サミット 13

  1.3　国連世界水発展報告書 14

    1.3.1　第1次報告書 14

    1.3.2　第2次報告書 21

    1.3.3　第3次報告書 25

第2章　水危機と気候変動による水資源環境影響 33

  2.1　水危機に対する市民意識 33

  2.2　渇　　水 34

  2.3　水　　害 36

  2.4　水 質 汚 染 39

  2.5　気候変動と水資源環境影響 40

    2.5.1　地球温暖化に伴う気候変化と国土・社会への影響 40

    2.5.2　気候変動と水資源への影響 41

    2.5.3　日本における気候変化に伴う水資源への影響 43

    2.5.4　日本における水資源影響への将来予測 45

第3章　気候変動への適応策と統合的水管理 47

iv / 目次

3.1 気候変動と適応策と統合的水管理 47
  3.1.1 気候変動の水資源環境影響への適応策 47
  3.1.2 水危機への適応策と統合的水管理 48
3.2 統合的水管理のフレームワーク 52
  3.2.1 統合的水管理の系譜 52
  3.2.2 統合的水管理の理論 53
  3.2.3 統合的水管理のフレームワークと課題 55
  3.2.4 統合的水管理と気候変動 56

第4章 戦略的適応策のフレームワーク 59
4.1 戦略的適応策のためのアプローチの視点 59
  4.1.1 水危機回避のための視点 59
  4.1.2 戦略的適応策の評価視点 63
  4.1.3 戦略的適応策の要素 66
4.2 戦略的適応策のフレームワーク 68
  4.2.1 水危機の事実 68
  4.2.2 現実の適応策 68
  4.2.3 政策イニシアティブ 69
  4.2.4 戦略的適応策の有効性と限界 69
  4.2.5 水危機に対抗する政策イニシアティブ 70

第5章 メコン河流域諸国における気候変動への適応策 73
5.1 メコン河流域開発における現状と政策課題 73
  5.1.1 メコン河流域の概況 73
  5.1.2 メコン河流域開発における現状と政策課題 74
5.2 メコン河流域における気候変動の影響 78
5.3 メコン河流域の国際組織における適応策 79
  5.3.1 MRC の適応策 79
  5.3.2 国連機関による適応策 79
  5.3.3 アジア開発銀行における適応策 80
  5.3.4 その他の組織における適応策 80
5.4 メコン河流域諸国の気候変動と適応策 82

目次 / v

　　　5.4.1　カンボジアにおける気候変動と適応策 ……………… 82
　　　5.4.2　ラオスにおける気候変動と適応策 ………………… 84
　　　5.4.3　タイにおける気候変動と適応策 ……………………… 85
　　　5.4.4　ベトナムにおける気候変動と適応策 ……………… 87
　　5.5　メコン河流域開発と環境保全戦略 ……………………… 88
　　5.6　おわりに ……………………………………………………… 90
第6章　水危機と公共水システムの復権 …………………………… 93
　　6.1　都市環境システムの復権 ………………………………… 93
　　　6.1.1　都市における水問題と地域計画 ………………… 94
　　　6.1.2　水環境区の構想 ……………………………………… 96
　　6.2　「公共水システムの復権」を読み解く ………………… 98
　　6.3　水危機に対抗する「公共水システムの復権」………… 112

　　◎　おわりに ………………………………………………………… 115

序　論

　21 世紀は，「水の世紀」である．あるべき水が，あらざるべき水へと変化する中で，人々の水への認識が大きく変化しつつある．それは，人口，食料，生活，あらゆる人間活動連鎖系の中で水がキーファクターとして改めてその重要性が再認識されたことにほかならない．また，人類の生存そのものが水と切り分けることができないと同時に，20 世紀における開発・戦争による負の遺産が，今日になって生存の危機として，一挙に地球・社会・人間システムに押し寄せてきた．

　今日の水危機の問題性を的確に指摘するためには，危機に至った背景の複雑性について正確にかつ包括的に理解することから始めなければならない．

　さらに，問題解決の手段としては，従来の問題解決型の対応策のみでは不十分であり，地球温暖化による影響を視野に入れた緩和策のみならず適応策を戦略的な視野で模索しなければならない．

　水の安全保障の目指すところは，生活様式，都市構造において水システムの断絶を回避することであろう．この「断絶」は気候変動により従来の想定範囲を大きく超えつつある．農業用水に代表される伝統的な水利用システム，そして工業用水・都市用水の拡大する需要に対応してきたこれまでの水資源開発事業を巡っての社会的環境が大きく転換する中で，「第三の道」が提起された．

　気候変動による水資源環境影響が従来の想定の範囲を超えつつある中で，戦略的な適応策を実施し，持続可能な発展を希求する人類の共通の願いを叶えるための水資源環境政策を通じて水資源環境セキュリティを構築することが，今求められている．我々は，今日の時代状況を反映した「新たなる道」を見出さなければならない．

　淀川水系は，135 年を超える近代的河川整備事業の歴史を有し，日本の河川行

2 / 序論

政を技術的にも，制度的にもリードしてきた河川である．淀川は，オランダ人技師ヨハネス・デレーケ (Johannis de Rijke) が，明治 6 年に来日し，淀川改修計画を指導した，近代河川改修計画における象徴的な存在である．

　伝統的な河川工法を有する日本において，近代国家を形作る一歩として，国土の基盤である河川を整備するという明治新政府の決意が読み取れる．

　今日においては，河川行政において，これまでの上下流関係者，事業者と地域住民という伝統的対立構造から，「国が十分に説明責任を果たす」という新しいステージが到来した．淀川水系流域委員会は，国土交通省近畿地方整備局によって設置され，その方式は「淀川方式」といわれ，委員会の運営においても「公開・透明性・自主性」が重んじられ，「淀川水系整備計画」の原案策定から計画案に至るまでの「説明責任」と「応答責任」をめぐってステークホルダーの利害対立が浮き彫りにされた．これは，気候変動への対策としての緩和策と適応策を講ずる場合においても，技術の革新だけでなく，行政制度の刷新，さらには合意形成の重要性を示唆するものである．この合意形成のプロセスの革新なしには水資源環境セキュリティを構築がありえないことを警告するものである．

　中国では「黄河を治むる者は天下を治む」という諺がある．これを敷衍すると，「水を制するものは国を制す」とも解釈できよう．今日の中国において実施され

写真 1　中国・浙江省・紹興市の大禹陵

序論 / 3

写真 2 オランダの「締め切り大堤防」

ている「南水北調」の事業は，まさに象徴的な意味を有する．北京オリンピック
(2008 年)，上海万博 (2010 年) を成功させた中国は，国の威信を世界に知らしめ
るためにも，この水利事業は欠かせぬ事業であったのであろう．三峡ダム事業を
はじめ，多くの水関連事業が展開される中で，中国においては水問題の重要性は
ますます高まっている．さらに，2007 年の太湖の水質悪化に対して，国家事業と
して対策が講じられている．現在はもちろん，近い将来においてはさらにその存
在感が国際社会において高まるであろう中国としては，水をどのように治めるか
は，まさに戦略的目標であろう．中国の長い歴史の中で繰り返し問われてきたこ
の課題は，今日，新たな様相のもとに智恵が必要とされるであろう．

　一方，ヨーロッパの治水事業に目を転じて，世紀の大事業である，オランダの
「締め切り大堤防 (Afsluitdijk)」の今日的意味を考えたい．北海とアイセル湖を仕
切った世界最大の堤防は 1927 年に着工され，1932 年に竣工した．大堤防事業の
ルーツは，13 世紀にアムステル川の河口にダムを築き，町を形成し，営々と努力
した首都アムステルダムの繁栄が今日のオランダを生んだところにあるといえよ
う．水と前向きに接しなければ生きていけないオランダが，環境問題，とりわけ
地球温暖化対策に最も熱心であるのは，国の成り立ちに起因する．それとともに，
国を支えるための叡智としての「協同」の精神が，時には国家経済の危機をも救

い，困難に前向きに向かう精神を醸成してきたといえよう．全長 32 km の大堤防の巨大さを実感した時，人間の意志の強さを感じるとともに，これから起こるであろう「水危機」に対して，ひるまず果敢に立ち向かうことが我々の使命であると思う．

日本においても，宝暦治水の平田靱負による偉業をはじめ数々の歴史的な治水事業や水道事業が存在するが，今日においては 2010 年の鹿児島・奄美大島の水害に見られるように，従来の災害史を覆すような新たなる兆しが見えつつある．

21 世紀に入ってから急激に顕在化してきた「商品化する水」「市場化する水」「対立する水」といった新しいウォーター・コンフリクトが，より先鋭的な形で我々の前に押し寄せてきている．その動きを的確に捉え対抗するためには，戦略的な政策的フレームワークを提示することが必要である．

来るべきこれからの未来は，異常が日常化する可能性が高まることが予測されるだけでなく，その確実性も高まりつつある．生命・生活を支えてきた水が，人間の安全保障のキーコンセプトとしてなりうるためには，気候変動の緩和策と適応策の実施とともに，戦略的適応策の意義が高められることが必要である．そして，戦略的適応策を軸とした水資源環境政策，とりわけ統合的水管理の内実化の議論の展開が待たれる．

1 水危機対応の国際的潮流

1.1 水戦略の国際的会議の系譜 [1]

1.1.1 マル・デル・プラタ行動計画の意義

第1回国連水会議 [1977年3月，マル・デル・プラタ (アルゼンチン)] では，国レベルでの水資源評価や効率的利用，法制度の整備等を推進することが議論され，水資源管理に関する「マル・デル・プラタ行動計画」が策定された [2]．以下の内容は，マル・デル・プラタ行動計画を整理したものである．

A. 水資源の評価：科学的アプローチ (データベース)
B. 水の利用の効率性：計画的アプローチ (制度)
C. 環境，保護および汚染防止：環境配慮アプローチ (環境アセスメント)
D. 政策，計画および管理：政策的アプローチ (政策への国民参加)
E. 自然災害：防災的アプローチ (洪水管理)
F. 情報提供，教育訓練：人的資源アプローチ (人材育成)
G. 地域協力：管理的アプローチ (地域ネットワーク)
H. 国際協力：財源的アプローチ (技術協力)

この行動計画のフレームワークが，それ以降の国際的な水資源管理計画策定に関する基本な議論の骨組みとなり，ひいては各国の水政策形成の基礎となった．行動計画から35年を迎えようとしている今日においても，その基本的フレームワークは十分な役割を果たしているといえよう．これは，水管理に関する情報の正確な評価を基本としながら，水資源開発の目的性の明確化，水資源開発事業の環境社会配慮の徹底による利害関係者間のパートナーシップの構築を目指しているものである．さらに，国際的な水政策ネットワーク形成により，水管理の技術的・制度的・経済的問題への戦略的意思決定の重要性を意味している．すなわち，

政府の水資源開発事業が国民に支持されるためには，国際的にも通用する事業の
アカウンタビリティ(説明責任)が重要であることを示したものである．この考え
方は，国際社会でも認められ，それ以降の水資源開発事業の基本となり，世界各
国の水資源開発事業の指針ともなっている．その後，発展途上国における河川流
域開発を多数の局面で捉える考えに基づいた水資源開発計画に関する国際会議が
開催された[3].

　水資源開発計画に関する国際会議においては，発展途上国における河川流域開
発の多数の局面(経済成長，意思決定，プロジェクト建設の事後評価)を発展途上
国側のプランナーの観点で捉えたり，計画プロセスを網羅する検討が行われ，今
日の国際的な水政策会議における議論の基礎をなしていると評価できる．さらに，
大河川流域での水資源多目的管理，意思決定のシステム分析，多目的意思決定分
析に関する論議が行われ，水資源開発計画におけるシステム分析に関する基礎概
念が形成される基礎をなしたと評価できる．

　「マル・デル・プラタ行動計画」を受けて，1980年11月の国連総会において，
1981～1990年は「国際水道と衛生の10ヶ年」と決定され，水道の普及，衛生サー
ビスの向上が図られた．「国際水道と衛生の10ヶ年」では，発展途上国における
乳幼児の死亡の主たる原因を安全な水と良好な衛生環境が得られないものである
とした．この厳しい衛生条件の現実が発展途上国の過酷な生存状況を生み出し，
かつ将来の経済発展の可能性を奪っているという観点が強調された．この考え方
に基づいて10ヶ年が制定され，水問題の重要性を指摘したきわめて意義深いもの
であった．

　1990年代における行動計画の指針として「安全な水と衛生に関する世界協議」
(1990年9月，ニューデリー)において宣言が行われている．さらに，「環境と開
発に関する国連会議(United Nations Conference on Environment and Devel-
opment；UNCED)」(1992年6月，リオ・デ・ジャネイロ)に先立って，「水と
環境に関する国際会議」(1992年1月，ダブリン)が開催され，21世紀に向けて
持続的に開発を行っていくための，水資源の適正な評価，開発，管理等について
の総括的な討議が行われた．

　その成果である「水と持続的な開発に関するダブリン宣言」「ダブリン会議報告
書」は，UNCEDに提出され[4]，アジェンダ21の第18章「淡水資源の質と供給

の保護：水資源の開発，管理及び利用への総合的アプローチ」として採択された.

1.1.2 アジェンダ21

国連環境開発会議の主要委員会における淡水資源のコンタクトグループは，地球環境保全と水資源環境の持続可能な開発をまとめたアジェンダ21の第18章において，地球規模の気候変動や大気汚染もまた，淡水資源とその利用可能性に影響を及ぼしていることを強調している．地球規模の気候変動が予測されている中で新たな深刻な事態を引き起こすことが憂慮されている水資源環境問題において，「地球のすべての人々に対し，良好な質の水の十分な供給の確保」という目標は，有史以来の人類共通の課題である．さらに，人類に必要な水需要を供給するための水資源開発事業に対し，総合的な環境・社会配慮が求められ，水資源開発に対する反省概念として流域経営という思想が定着しつつある．宣言はきわめて総合的・戦略的な内容であるが，各国における水管理のために採用される政策の方向性を設定するに際して明確に認識できる影響を及ぼしていないという厳しい状況にある．また，今日に至るまで水管理に共通する問題の困難性は1977年以降ほとんど変わっていないのが実情である.

アジェンダ21に対する国際的対応とその展開の一環として，CSD6(国連環境開発特別総会のフォローアップと国連持続可能な開発委員会第6回会合，1998年)において，淡水管理に関する戦略的アプローチに関する決議が採択された．そのアプローチの内容は，「持続可能な淡水管理に関する統合的アプローチ，国家戦略の形成，国連システムにおける連携の強化，リージョナルなアプローチ，すべての関連セクターの参加，女性の参加の促進」である．一方，世界水フォーラム(1997年マラケシュ，2000年ハーグ，2003年大阪，京都，滋賀，2006年メキシコシティ，2009年イスタンブール)は，水管理のあり方を展望する中で，世界水フォーラム・ハーグ閣僚級宣言(2000年)を行い，21世紀における"水のセキュリティ"の確保が新たな共通課題であることを示し，「世界水ビジョン」と「行動のための枠組み」を策定した.

「持続可能な開発に関する世界首脳会議(WSSD；World Summit on Sustainable Development)」[2002年9月，ヨハネスブルグ(南アフリカ連邦)]においても，水資源管理が主要な課題として議論された．「WEHAB(Water：水，Energy：エネ

ルギー，Health：健康，Agriculture：農業，Biodiversity：生物多様性)」が提唱され，水問題が国連の最重要課題として認識された．国連総会において，2003年は，国際淡水年とされ，2005年から10年間を「国際行動の10年：生命のための水」とすることが決議された．

　このような，水資源管理をめぐる国際的潮流より次の点が指摘できる．すなわち，水と地域生活という限定的な問題解決の手法だけでは，決して解決できない国際的・地球規模的な様々な水問題に対して国際的合意を得ることの重要性と困難性をこの30年以上にわたる国際的会議の系譜を見ることで理解できる．

1.2　世界水フォーラム

　世界水フォーラムは，水資源管理の国際的潮流をリードするように，1996年に設立された世界水会議により運営されてきており，1997年より今日に至るまで，5回開催されてきた．世界の水資源環境問題を多角的に，多くのステークホルダーにより議論するとともに，水のビジョンを作成するなど先導的役割を果たしてきた．

　以下に，各フォーラムおよび第1回アジア太平洋水サミットの概要を紹介する．

1.2.1　第1回世界水フォーラム[5)]

a. 開催日時，開催場所　　1997年3月21〜25日，モロッコのマラケッシュにおいて63ヶ国，約500名が参加．

b. 行事概要　　4つのセッションからなる国際シンポジウム*や3日間にわたるスタディツアーが行われた．

c. 閣僚級国際会議と閣僚宣言　　採択されたマラケシュ宣言には，清浄な水と衛生設備が利用できるという人間の基本的ニーズを認識すること，水分配の効果的な管理メカニズムを確立すること，生態系を保護すること，そして水資源の有効利用を促進することの4点が盛り込まれた

d. フォーラムの特徴と意義　　第1回フォーラムでは，「21世紀における世界の水と生命と環境に関するビジョン」の策定が提唱され，これを受けて1998年8

　＊　各セッションのテーマは次のとおりである．①世界の水事情，②世界の水の長期的ビジョンの道のり，③・④21世紀の挑戦．

月に，21世紀に向けた世界水委員会 (World Commission on Water in the 21st Century) が発足されるに至った．また，マラケシュ宣言が採択されるなど，水問題の基本的な点が初めて国際的な規模で認識されるに至った点は評価できる．しかし，これらの水問題に対してどのような行動が求められているかについては触れられたが，より具体的な指針を含むビジョンについては，第2回世界水フォーラムに託すこととなった．

1.2.2　第2回世界水フォーラム [6)]

a. 開催日時，開催場所　　2000年3月17〜22日，オランダのハーグにおいて156ヶ国，約5700名が参加．

b. 行事概要　　100余りにのぼる地域・分野別の分科会が開催された

c. 閣僚級国際会議と閣僚宣言　　「世界水ビジョン」が発表された．ハーグ閣僚宣言では，水の安全保障を達成するための課題に取り組んでいくために IWRM を行うこと，および合意された原則を行動に移していくために，関係者間の協力のプロセスを進めていくこととした．これを実践していくために，①目標・戦略の設定，②国連機関による淡水資源の定期的な点検等の活動の支援，③水文化発展のための協力，④汚染防止のための協力，⑤多国間組織を通じた水関連政策の強化，⑥国連組織内における協調と整合性の強化，といった具体策が挙げられた．また，第1回世界水フォーラムからの流れを汲んだ「世界水ビジョン」が採択された．

d. 世界水ビジョン　　これでは，以下のような提案が行われている．

　「世界水ビジョン」には次の3つの目標がある．

　1) 我々がどのように水を利用するのかを決定する権限を女性，男性，地域社会に持たせる．

　2) 水1滴当りの穀物収量および生産料を増やす．

　3) 水を管理して淡水と陸上生態系の保全を実施する．

　また，世界水ビジョンは，この3つの主要目的を達成するために，重要な5つの行動を明記している．

　i) すべての利害関係者が総合管理に関与する．

　ii) すべての給水にフルコスト価格設定を導入する．

iii) 研究と革新に向けて公的資金を拡大する.

iv) 国際河川流域を共同で管理する.

v) 水への投資を大幅に増加させる. 世界水ビジョンを実現する責任を我々全員に帰する. 我々全員とは政府, 多国籍機関, 家庭, 地域社会, 非政府組織, 大学, 研究所, 民間部門である.

e. フォーラムの特徴と意義　　水の価値の評価を主要課題としたことが特徴であった. 水ビジョンにおいては,「利用者に対してはすべてのコストが請求されるべきであるが, 貧困者に対しては適切な補助金が支払われるべきである」とした. 一方, 閣僚宣言においては,「水の価値を評価することは, 水を, その経済的, 社会的, 環境上の, および文化的な価値を反映する方法で管理することである. このアプローチは, 公平の必要性と貧困者と弱者の基本的なニーズを考慮に入れるべきである」と述べている. この点について, 水を権利と捉えるか, サービスと捉えるかの論争が続いている. このフォーラムでは後者寄りだったとして, 批判する声もある.

1.2.3　第3回世界水フォーラム[7]

a. 開催日時, 開催場所　　2003年3月16〜23日, 日本の大阪, 京都, 滋賀において183ヶ国, 約24000名が参加.

b. 行事概要　　地域・分野別の分科会や閣僚会議のほかに, 子どもやジャーナリスト, 国会議員等のアクターごとのセッション, さらに「水のえん2003 in 京都」と題した水に関するフェアや水のEXPO等が開催された.

c. 水に関するフェア　　多くの人々に水に関する様々なことを知ってもらい, 行動を起こすきっかけとなることを目的として, 水に関するフェアが開催された. 琵琶湖・淀川流域全体を会場と捉え, 開催地の人々と訪れる人々とを水を介して結び付け, 文化的イベントや歴史的な祭りを通じての交流が図られた. 例えば, ヨシ刈り体験ツアーや水の森フォトコンテスト等の展示会や水に関する様々なイベントが実施された.

d. 閣僚級国際会議と閣僚宣言　　この第3回フォーラムの主な成果として,「水行動集 (PWA：Portfolio of Water Actions)」および閣僚宣言が挙げられる. PWAは全部で400頁にわたり, 36カ国, 16の国際機関等から, 合計422件もの水問

題に対する行動が提出され，それらをまとめたものである．「水資源管理と便益の共有」「安全な飲料水と衛生」「食糧と農村開発のための水」「水質汚濁防止と生態系の保全」「災害軽減と危機管理」という5つのテーマを設定し，提出された422件もの行動をこれらのテーマ別，地域別に分類している．全体では，「水資源の管理と便益の共有」「安全な飲料水と衛生」に関する行動が多くなっている．地域別に見ると，アジアは，「食糧と農村開発のための水」「災害軽減と危機管理」に関するものが他の地域に比較して多くなっている．アフリカは，「安全な飲料水と衛生」に関するものが多くなっている．一方，先進国・地域では，「水資源の管理と便益の共有」に関する行動が多い．

　2つめの成果は，閣僚宣言の採択である．この宣言では，まず全般的政策として，各国中央政府の水問題解決に向けた権限強化や良い統治 (good governance) の確保，透明性・説明責任の確保，技術支援の強化，資金調達，地域ごとの取組みの促進，評価制度の整備，等を行っていかなければならない，と述べられている．また，上述の PWA において設定された5つのテーマにおける具体的な取組みに関して，貧困撲滅や環境破壊，ジェンダーに配慮するようにという大前提のもと，様々なアクターに関する詳細な記述がなされている．

e. フォーラムの特徴と意義　　今回の世界水フォーラムでは国家の中央政府だけでなく，国際機関や民間企業，NGO や市民，さらに民間企業や市民の参加も促し，多様なアクターを巻き込んで議論が行われている点が画期的である．しかし一方で，水はサービスなのか，それとも権利なのかという議論において，会議を仕切っていたのは国連の当局者や政府代表ではなく，主役は最大手の私企業数社だったと言われており，誰のため，何のために水フォーラムが開かれているのか，という疑問が投げかけられた．

1.2.4　第4回世界水フォーラム[8]

a. 開催日時，開催場所　　2006年3月16〜22日，メキシコシティ (メキシコ) において，140ヶ国，約19700名が参加．

b. 行事概要　　第3回とほぼ同様に，地域・分野別の分科会と閣僚会合のほかに，水に関するフェアや水の EXPO が開催された．

c. 水に関するフェア　　水の EXPO には340の企業が出展し，7500名の入場者

12 / 第1章 水危機対応の国際的潮流

を記録した．これに合わせて，「世界水と教育村」や「市民の家」の出展のほか，2回目となる子ども世界水フォーラムも開催された．

d. 閣僚級国際会議と閣僚宣言　「持続可能な開発に向けた世界水ビジョン」が発表された．「持続可能な開発に関する水行動ネットワーク・データベース (CSD WAND)」が立ち上げられた．CSD WAND は，2003年から2005年の持続可能な開発委員会の議論に準じた情報がデータベース化され，水と衛生に関する目標達成に向けた国際的な努力を支援するために，成功事例に関する情報を広めることを目的としている．

e. フォーラムの特徴と意義　これまでの3回のフォーラムにおける成果が，包括的で，具体性に乏しかった一方で，第4回のフォーラムでは，目に見える成果を出すための具体的な行動について焦点を当てている点に特徴がある．それを象徴する成果として，「世界における挑戦に向けた地域での行動 (Local Actions for a Global Challenge)」が採択された．これには552項目に及ぶ地域での行動が収録されている．

1.2.5　第5回世界水フォーラム [9)]

a. 開催日時，開催場所　2009年3月16～22日，イスタンブール (トルコ) において192ヶ国，約33 000名が参加．

b. 行事概要　3つのプロセス (テーマプロセス，地域プロセス，政治プロセス) を柱に準備活動が進められ，会期中には，「テーマプロセス」としてトピックセッションおよびハイレベルパネル，「地域プロセス」として地域セッション，地域文書の発表，「政治プロセス」として首脳級サミット，閣僚級会合，が開催された．分科会の数は100以上に及んだほか，水に関するフェアや水のEXPOにも多くの参加者が詰めかけた

c. 水に関するフェア　第4回世界水フォーラムと同様に，水のEXPOおよび水に関するフェアが開かれた．これに合わせて，第3回子ども世界水フォーラムやユース世界水フォーラム，その他の水に関する文化イベント，サイドイベントも開催された．

d. 閣僚級国際会議と閣僚宣言　首脳級会合では「水に関するイスタンブール首脳宣言」が，水担当大臣による閣僚級会合では「閣僚声明」，地方自治体の長によ

る会合では「イスタンブール水コンセンサス」が採択された．また，世界各地で頻発する気候変動に伴う異常気象を受け，水関連の災害による被害を抑制することを目指した「行動計画」も採択された．

最終日に採択された閣僚声明では，ミレニアム開発目標達成に向けた努力の強化，流域単位での統合水資源管理 (IWRM) の実施，生態系のための水の確保，水関連災害の予防と対応，開発政策における安全な水と適切な衛生設備確保の最優先化，国際河川・湖沼等における関係国の協調の促進，紛争時の水資源保護のための国際法の遵守，等が確認された．　これまでのフォーラムでも再三議論されてきた「水へのアクセス」を「権利」とみなすかどうかについては意見が分かれ，同声明の中では，「人間としての基本的ニーズ」とするにとどめ，国連システムにおける「人権」と「水へのアクセス」に関する諸活動を承認するとした．

e. フォーラムの特徴と意義　　第5回フォーラムでは，これまでのフォーラムではあまり議論されなかった気候変動による水関連災害への対応に焦点が当てられ，議論に時間が割かれた点に特徴がある．これまでのフォーラムが安全な水にアクセスできない貧しい人々への対応について議論されてきたのに対し，新しい課題として，それらの人々に対する新たな脅威としての気候変動と水関連災害への対応に焦点が置かれたことに意義がある．

1.2.6　第6回世界水フォーラム

2012年3月にマルセイユ (フランス) において開催されることが決まっている．

1.2.7　第1回アジア太平洋水サミット[10]

a. 開催日時，開催場所　　第1回アジア太平洋水サミットは，「水の安全保障：リーダーシップと責任」をテーマとして，2007年12月3, 4日に大分県別府市で開催された．56の国・地域が参加し，880名の参加者を集めた．

b. 行事概要　　テーマセッションでは，アラル海問題への対応や水関連災害の管理，ヒマラヤ地域の氷河と気候変動，等について議論が交わされた．会議の最後には，政策提言としてのポリシーブリーフ，および別府からのメッセージが採択された．

c. 水に関するフェア　　オープンイベントには約5000人の参加者が詰めかけた．

14 / 第1章 水危機対応の国際的潮流

アジア子ども水サミットや日本の水技術展，沿岸防災ワークショップ，等の全部で 67 のイベントが開催された．

d. 閣僚級国際会議と閣僚宣言　このサミットにおける 2 つの主な成果のうち，ポリシーブリーフにおいては，会議中に開かれるセッションに備えて，アジア太平洋地域において優先的に取り組むべき課題とその解決に向けた提言がまとめられており，サミットにおける議論を経て公式文書として採択された．また，別府からのメッセージにおいては，気候変動と深く関係する水災害の防止や水の衛生問題の解決が目指され，これに先行する目標として，アジア・太平洋地域で安全な飲料水や水関連の衛生施設を利用できない人々を 2015 年までに半減し 25 年までにゼロにすること等が掲げられた．

e. 特徴と意義　世界水フォーラムにおいて，地域別に水フォーラムを開催する必要性が主張されたのを受けて，世界で最初に開催されたのが今回のサミットである．アジア太平洋地域は世界でも最も水危機が深刻であるとされており，その観点からも，世界に先駆けてこの地域で首脳会議が開催されたことには大きな意義があるといえる．また，様々な課題を抱えるアジア太平洋地域の一員として日本がイニシアティブをとり，課題の整理と今後の方策についての包括的なビジョンを別府からのメッセージとしてまとめた成果は大きい．今後は，個別の政策課題の解決に向けて，日本がどこまで具体的にコミットできるかが焦点となる．

1.3　国連世界水発展報告書

国連機関として，世界の水資源の諸課題に対する政策課題のレビューと解決策について「国連世界水発展報告書」を出している．第 1 次報告書は，2003 年 3 月の第 3 回世界水フォーラムで「Water for People, Water for Life」，第 2 次報告書は，2006 年 3 月の第 4 回世界水フォーラムで「Water, a shared responsibility」，第 3 次報告書は，2009 年 3 月の第 5 回世界水フォーラムで「Water in a Changing World」が発表された．以下に，その概要を整理する．

1.3.1　第 1 次報告書 [11)]
a. 概要　世界水発展報告書「人のための水，生命のための水」(Water for People,

Water for Life) は，最も包括的な最新の水資源の状態を概観している．第3回世界水フォーラム (2003年3月16〜23日，京都，大阪，滋賀) の直前に示されたこの報告書は，同フォーラムおよびユネスコと国連経済社会局の主導による国際淡水年 (http://www.wateryear2003.org) に対する唯一かつ最も重要な知的貢献である．

この報告書作成のために，水問題に関与する各国連機関および委員会は初めて共同作業を行い，保健・食糧・生態系・都市・工業・エネルギー・リスク管理・経済評価・資源の共有・統治のような分野における水関連目標の進捗状況を確認した．23の国連機関および委員会が，ユネスコに事務局を置く世界水アセスメント計画 (WWAP；World Water Assessment Programme) を構成している．

今世紀半ばまでに，人口増加等の要因によって，最悪の場合は60ヶ国で70億人，よくても48ヶ国で20億人が渇水に直面する．報告書によれば，気候変動がこの地球規模の渇水増大の約20％の原因となる．湿潤地帯の雨量はおそらく増加するが，渇水の危険のある多くの地域，および熱帯や亜熱帯においても雨量は減少し，さらに不安定になることが予測されている．水質は，汚染度と水温の上昇に伴い悪化する．

報告書によれば，水危機は，「そのような危機がまさに存在していることに関して議論が続けられているにもかかわらず，悪化し始めている」．毎日約200万tの排水が河川や湖沼に放流されている．排水1Lで約8Lの淡水が汚染される．報告書の計算によれば，世界全体で約 $12\,000\,\mathrm{km}^3$ の汚濁水が存在し，これは，変動する世界の10大河川流域の総流量を常に超えている．したがって，汚染が人口増加に伴って進行した場合，2050年までに世界は $18\,000\,\mathrm{km}^3$ の淡水を実際に失うことになる．これは，各国が現在利用している年間灌漑用水の総量の約9倍に相当する．灌漑は，水資源を最も大量に消費し，現在，取水量全体の70％を占めている．

b. 各章のハイライト

① 保険と経済：21世紀における最重要問題は，水質と水管理であると言われる．毎年220万以上の人が，汚染した飲料水や不十分な衛生設備に関わる病気で死亡している．しかしながら，排水によるこれらの恐るべき損失や損害は予防可能である．

国際社会は，「国連ミレニアム開発目標」(2000年) および「持続可能な開発に関する世界サミット」(ヨハネスブルク，2002年) において，2015年までに安全な飲料水と基本的な衛生設備を利用できない人の割合を半減させることを誓った．これらの目標を達成するためには，2015年までに新たに15億人に対して水供給を改善しなければならない．このことは，2000年から2015年にかけて，毎年1億人 (27万4000人/日) にサービスを提供することを意味する．衛生設備に関しては，新たに19億人の利用が改善される必要があり，このことは，2000年から2015年にかけて，毎年1億2500万人 (34万2000人/日) を意味する．

報告書によれば，現行の投資水準が維持されるならば，サブ・サハラ・アフリカを除く世界のすべての地域で双方の目標に到達あるいは接近すると考えられる．しかし，アジアへの投資需要がアフリカと中南米を併せたよりも増大することは確実である．最初の介入には，約126億USドルを要すると見積もられている．この介入の財源について問題が残っている．報告書には，「ミレニアム開発目標」の資金調達は，おそらく国際社会が今後15年間で直面しなければならない最重要課題の一つであろうと述べられている．

報告書は，水の価格設定および民営化に関する議論の概要を示している．報告書の要約によれば，水資源管理に民間部門を参加させることは不可欠であるとみなされているが，資産と資源の管理は，政府および利用者によって行われなければならない．

報告書は，いかなる民営化や水価格設定の計画も，貧困層を保護するための仕組みを含めなければならないことも強調している．憂慮すべき事実は，水利用が最も限られている貧困層が水に対してさらに多額の金を支払わなければならないことである．報告書において公表された調査によれば，例えば，デリー (インド) では，水の供給者が貧困層に対して 4.89 US ドル/m^3 を課しているが，水道が整備された世帯はわずか 0.01 US ドル/m^3 しか払っていない．ビエンチャン (ラオス) では，水道料金が 0.11 US ドル/m^3 であるのに対して，水の行商人は 14.68 US ドル/m^3 を課している．

② 農業：報告書によれば，毎日約25000人が飢餓で死亡している．また，約

8億1500万人が栄養不良に苦しんでいる．食糧生産は，歴史的に見て低価格で市場の需要を満たしているにもかかわらず，栄養不良の人の絶対数の減少は，きわめて緩やかである．

国際社会は，国連ミレニアム開発目標 (2000 年) を通じて，2015 年までに飢餓で苦しむ人の割合を半減させることを目標にしている．しかしながら，報告書に示された新たな結論によれば，目標達成までには 2030 年を待たなければならない．これらの新たな計算によれば，人口増加のほとんどが集中する 93 の開発途上国において，2030 年までに，新たに 4500 万 ha が灌漑される．灌漑可能なすべての土地の 60 ％が利用される．報告書によれば，これは灌漑用水の 14 ％の増加を必要とする．

調査対象の約 170 の国と地域のうち，20 ヶ国は既に灌漑のために再生可能な水資源の 40 ％以上を利用しており，この割合は，各国が農業用水もしくは都市用水のどちらかを選択しなければならない限界値である．その他の 16 ヶ国でも 20 ％以上を利用しており，これは，渇水の可能性を示唆している．2030 年までに，南アジアでは平均して 40 ％レベルに到達し，中近東および北アフリカでは 58 ％以上に達すると予測される．課題は，土地と水の利用効率を改善することである．利用水の約 60 ％が浪費されるため，灌漑はきわめて非効率である．適切な技術協力のための資金調達を行い，より適切な管理指針を促進する必要があるだろう．

肯定的な面としては，1962 年から 1996 年にかけて穀物の平均収穫高は倍増し，1.4 t/ha から 2.8 t/ha になった．このことは，同じ耕地面積においてそれまでの 2 倍の穀物が収穫できるようになったことを意味する．2030 年までに，作物生産増加の 80 ％が高度な収穫高によってもたらされ，多毛作が増加して，休閑期が縮小されることが予測されている．

報告書によれば，処理水の利用は，水危機を緩和する可能性がある．既に，開発途上国の灌漑された土地の約 10 ％で農民はこの方法を利用しており，さらに促進することができる．適切な処理によって，土壌肥沃度を実際に改善することができる．また，食糧安全性は地球規模で改善されつつある．開発途上国における 1 人当りの食糧消費量は，1965 年の 2054 kcal/日から 1998 年の 2681 kcal/日に増加した．

18 / 第1章　水危機対応の国際的潮流

③ 生態系：報告書には2025年までに，取水量は開発途上国で50％，先進国で18％増加すると予測されている．世界中の生態系への影響は，現在の状況を劇的に悪化させる可能性がある，と記されている．

　　報告書は，増大する水需要によって生じた悪循環について述べている．つまり，河川，湖沼，および湿地帯を枯渇させたり汚染したりすることによって，淡水資源をろ過し確保するのに重要な役割を果たしている生態系を破壊している．

　　米国では，1998年に評価された水域の40％が，栄養塩，金属，および農業による汚染によって，レクリエーション利用に不適格であるとみなされた．さらに，報告書によれば，欧州の55の河川のうち，わずか5つだけが自然状態を維持しているとみなされ，アジアでは，都市部を流れるすべての河川に深刻な汚染が生じている．世界の227の大河川の60％が，生態系の悪化をもたらすダム，排水路，および運河によって深刻な分断を被っている．

　　内陸水域の動物に関して報告書は，哺乳類の24％および鳥類の12％が脅威にさらされていると述べている．19世後半以降34～80の魚類が，1970年以降は6つの魚類が絶滅している．大部分が内陸水域に由来する世界の魚種の約10％のみが詳細に調査されたが，その3分の1は危険にさらされている．

④ 国際紛争と協力：水需要が増大するにつれて，水戦争の危機が話題になることが増えている．しかし，報告書は，水不足は国家間の紛争を激化させるが，そのような状況が全面的な水戦争に発展することを示す証拠はほとんどない，と述べている．

　　報告書は，過去50年間における2ヶ国以上の間の水に関わる交渉の調査結果を強調している．計1 831件の交渉のうち，1 228件が協力的であった．それらは，約200の水の共有に関する条約の調印やダムの新設に関わるものであった．

　　他方で，507件ある紛争事例のうち37件が暴力行為に発展し，21件は軍事行動であった（18件はイスラエルとその近隣地域間の紛争）．

　　また，報告書によれば，世界各地の対立の可能性がある事例において，既

に水に関する取決めを交渉していたり，国際河川に関する取決めを行う過程にあったりしている．例えば，メコン委員会は，ベトナム戦争の間，データの交換を続けていた．また，ナイル川流域の 10 ヶ国すべては，現在，流域の開発に関する交渉に参加している．このような国際河川が世界には 261 もあり，145 ヶ国を流れる．これらの流域の約 3 分の 1 は，2 ヶ国以上によって共有され，19 の河川は 5 ヶ国以上に関わるものである．

国際河川に多くの注意が払われる一方で，地下水 (帯水層) は，一般的に質の高い水を大量に含んでいる (河川の 4 万 2800 km^3 に対して 2340 万 km^3 と評価されている) にもかかわらず，ほとんど無視されてきた．多くの意思決定者は，他国と帯水層を共有していることを認識してさえいない．帯水層は利用可能な水資源の 98 ％を蓄えている．報告書によれば，600〜700 km^3 が毎年取水され，世界中の飲料水の約 50 ％を供給し，工業用水の 40 ％，灌漑用水の 20 ％を供給している．

⑤ 都市：報告書によれば，インフラやサービスが欠如している場合，水に関するインフラを持たない都市部は，世界で最も生命を脅かす環境にある．116 の都市の調査によれば，最もサービスが欠如しているのはアフリカの都市部で，下水道に接続されている世帯は 18 ％にすぎない．アジアの接続率もわずか 40 ％である．

これらの都市の貧困層が，衛生に関わる病気，洪水，およびマラリアのような水系伝染病に主に感染しているという．例えば，南アジアでは，実際にハマダラカは，家庭の屋根に設置された水貯蔵タンクに繁殖する習性を持つという．

また，公衆衛生の観点から，わずか 20 ％の最も裕福な世帯の住宅に水道設備を提供するよりも，都市の住民全体に住宅から 50 m 以内に蛇口を設置し，安全な水供給を行う方が好ましいという．

報告書は，選択が必要な場合，都市部が農村部に優先する理由をいくつか示している．第一に，都市部は経済面における著しい規模と近接性のために，必要なインフラの単価が低い．第二に，多くの都市部は農村部よりも繁栄した経済基盤を有しており，水供給の収益を引き上げる大きな可能性をもたらす．第三に，都市部は人と企業だけでなく，その排水も集中さ

20 / 第1章 水危機対応の国際的潮流

せている.

⑥ 工業用水：現在，工業は世界の水の総利用量の22％を占めている．高所得国では59％，低所得国では8％である．報告書は，この平均値は2025年までに24％に達し，1170 km³/年が工業利用に充てられると予測している．

　　毎年，工業に由来する3～5億tの重金属，溶剤，有害汚泥，およびその他の廃棄物が水資源に蓄積している．世界中の有害廃棄物の80％以上が米国およびその他の工業国で生産されている．

⑦ 自然災害：報告書は，リスクの軽減を水資源管理の不可欠な部分とする必要性について述べている．地震のような地球物理的な災害の数がかなり安定しているのに対し，水に関わる事象 (渇水や洪水) の規模と数は，1996年以降倍増している．過去10年間で，66万5000人が自然災害の犠牲となった．90％以上が洪水と渇水で命を落とした．これらの災害の35％がアジア，29％がアフリカ，20％がアメリカ大陸，13％が欧州，残りが大洋州で起こった．

⑧ エネルギー：水力発電は最も重要で，幅広く利用されている再生可能なエネルギー源であり，2001年の総発電電力量の19％を占めている．報告書によれば，開発途上国の15％に対して，先進国は約70％の包蔵水力を開発している．最大の発電国はカナダで，米国，ブラジルがこれに続く．未開発水力資源は，中南米，インド，および中国においていまだに豊富である．

　　報告書は，「この包蔵水力の半分を開発することによって，温室効果ガス排出を約13％削減することができる」とし，地元住民の移転や (生物多様性や湿地帯の損失のような) 環境被害を含むダム建設の多くの悪影響も指摘している．

⑨ 世界水ポータル：世界水アセスメント計画 (WWAP) は，様々な水に関する事業および組織との協力によって，水情報の共有および協力のモデルとなる「世界水ポータル」を作成した．このインターネット・ポータルサイトは，幅広い水情報への連続的なアクセスを可能にするための共通の構造，プロトコル，および規格の採用によって，様々な地域ネットワークを世界水アセスメント計画の世界水ポータルに統合したものである．このモデルによって，地方，国，および地域の水機関は，世界の水に関する知識の総体

に寄与しつつ，関係を構築し，最も重要な水情報に関する問題を追究することが可能となる．

c. 資料
 ① 1人当り年間使用可能水量
 ② 各国における水質指標値

1.3.2 第2次報告書 [12)]

a. 概要 第2次報告書は，2006年にメキシコシティーで開かれた第4回世界水フォーラムに合わせて作成され，「水：共有されるべき責任」というタイトルで，5部15章から構成されている．第2次報告書の特徴としては，第1次報告書でまとめられた深刻化する世界の水危機を踏まえて，それらに対応するためには国家 (government) のみによる統治ではなく，地方自治体や企業，NGO，市民等のあらゆるレベルの主体が責任を分かち合うガバナンス (governance) の構築による解決を重要視している点である．また，第1次報告書では12ヶ国における7つの事例にとどまっていたケーススタディが，第2次報告書では42ヶ国における17の事例に拡大された．以下では各セクションの概要を紹介する．

b. 各セクションのハイライト
 ① 第1部 (変動する状況)：第1章 (激変する世界に住んで) では，私たちが直面している課題がガバナンスの問題であることを述べている．水量は世界中のすべての人々が利用できるだけの十分な量があるにもかかわらず，水不足を強いられる人々がいるのは，水の効率的な共有という点においてバランスがとれていないからである．また，この水量の不均衡を是正する方法を見出すリーダーシップを国連システムが担うべきであると主張している．

　第2章 (ガバナンスの課題) では，水管理におけるガバナンスをめぐる課題がまとめられている．水管理に関する意思決定を最優先事項とし，「水とその便益は誰のものか」「誰が水配分の決定を行うのか」「誰がどこから，いつ，どうやって水を供給するのか」という基本的な問いに対する答えを模索している．そのプロセスに関して，各国における水政策の改革・実施は少しずつではあるが進んでおり，政府と民間企業，市民社会が連携して行われるようになってきたと述べている．しかしそのような取組みはまだ始

22 / 第1章 水危機対応の国際的潮流

まったばかりであり，実際にはより改善されたガバナンスの青写真がないために，多くの政府が改革に失敗しているという．

第3章(都市化する世界における水と人の住まい)では，発展途上国においても近年，急速に進む都市化を受けて変化を遂げる人の居住形態と水利用の現状と課題についてまとめられている．水資源管理は人間の居住形態によって大きく変わるとし，都市化によって，本来は人が住むことのない沿岸地域に水害のリスクを承知のうえで居住し，人口が集中することによる汚水処理が必要となる．このように水資源管理は，都市化による人間の新たなニーズへの対応が迫られている．

② 第2部(変化する自然システム)：第4章(資源の状況)では，世界の水資源は有限かつ不均衡であるにもかかわらず，飲用や食料生産，エネルギーや工業製品，等の様々な需要があることが，問題を複雑にしていると指摘する．とりわけ発展途上国では，地表水がきわめて少ないばかりでなく，水循環の役割や相互作用に関する認識が乏しく，十分な保全・予防戦略の策定が難しい．そのうえ，特定の問題を解決するには，さらに増大する水需要に対処するしか方法がないとされている．したがって，水需要の削減と効率性の向上が現代の水資源管理に統合されるべきであり，そのひとつのツールとして，水資源アセスメントという手法が意思決定に取り入れられるべきであると述べている．

第5章(沿岸および淡水の生態系)では，生物多様性と人間の豊かさの維持には淡水における健全な生態系に不可欠であるとして，その課題について述べている．現在，多くの地域で淡水における生態系や種が急速に減少しており，淡水の管理が危機に瀕していると指摘している．2002年の「持続可能な開発に関する世界首脳会議」においては，2015年までに安全な飲用水と基礎的な衛生にアクセスできない人の割合を半減させるとともに，2010年までに海洋生態系における生物多様性の減少を食い止めることが各国に求められた．この実現に向けて，IWRMアプローチの実施が急務であると，報告書は指摘している．

③ 第3部(豊かさと発展への挑戦)：第6章(人の健康の保護と促進)では，人間の健康状態が，安全な飲料水や十分な衛生状態，水に起因する病気の抑

制，等の水の状態と密接に関連しているとして，その課題について述べている．特にアフリカおよびアジアにおいて，下痢やマラリア等の水に起因する病気が依然として多く見受けられる．その原因としては，水資源開発や工業・農業排水による水質汚染が挙げられる．水を原因とする病気の多くは，安全な水や十分な衛生設備へのアクセスによって抑制することができるとされている．水質および衛生設備の改善は少しずつ行われてはいるが，劇的な改善が求められている．

第7章 (食料，農業，郊外における生活のための水) では，今日農業が直面している複雑な課題について整理している．農業で使用される水の量は全体の10％にすぎないが，灌漑はすべての淡水取水量の70％にも及んでいる．現在，世界人口のおよそ13％が健康で生産的な生活を送るための十分な食料にアクセスできないが，世界のすべての人々にとって十分な食料を生産するのに必要な技術および資源は存在しているのである．土地や水のような健康や資金，あるいは天然資源の不足，さらに，離れた市場と生産活動を結び付け雇用を確保する技術の欠如は，すべて貧困と密接に関連している，と報告書は指摘している．

第8章 (水と工業) では，特に発展途上国において工業が経済発展の大きな推進役となる一方で，それが水資源に及ぼす影響について述べている．もし適切なインセンティブが施される場合に，既存の技術と経験しかなくても，工業はその水利用を40％から90％減らすことができることが一般にわかっている．しかしながら，報告書は，水保全政策は公平かつ実行可能で，法的拘束力がある必要がある，と指摘している．

第9章 (水とエネルギー) では，これまでの経験から，政策レベルにおいて水とエネルギーを同時に分析することで，それらの使用における生産性および持続可能性が著しく増加することがわかっているが，政策決定においてこれらの関連性が軽視されている，という観点から，課題と解決策をまとめている．例えば，水力発電に寄与しているダムは，世界でわずか約25％しかない．ヨーロッパでは水力発電ポテンシャルの75％を利用している一方で，アフリカではわずか7％しか開発されていない．このことは，アフリカの開発における将来の礎となる可能性があることを示唆している，と報

告書は述べている.

④ 第4部 (管理対応と責任):第10章 (リスク管理:開発の利益を確保する) では,津波や洪水,干ばつ等の水関連災害によるリスクを軽減する方策についてまとめられている.とりわけ途上国では,災害の影響を受けやすく,GDP換算で先進国のおよそ5倍の損失を被ると報告書は指摘している.また,1992年から2001年の10年間において,自然災害のおよそ90%が気象もしくは水を起源とするものであり,気候変動による影響が顕著になってきた現状を踏まえると,水関連災害への対応が急務である.

第11章 (水の共有) では,拡大する水文明の核心が水の共有にあり,IWRMによるさらなる協調を通してのより効果的で公平な水管理の模索の必要性を強調する.報告書によれば,単一国,2国間,あるいは複数国間による水に関する宣言や条約は3800以上あり,そのうち286が条約で,200以上の国際河川流域におけるものが61存在するという.このような,水の共有を目指した国際法の促進も,有効な1つの手段であるといえよう.

第12章 (水への価値評価と課金) では,人口および所得の増加に伴って水供給と公衆衛生の改善が求められるようになってきており,水の利用可能性と手頃な価格での利用が政治的・経済的な懸案となりつつある,という背景から,水に対する価値評価と課金が課題となっていると指摘している.例えば,ラムサール条約は,保全すべき世界の1400以上の湿地を確保して,これらの特別な生態系を称賛する環境的・社会的・経済的重要性を国際的に認識させた証である.発展途上国における上下水道セクターの民間部門の割合は平均で35%である一方で,先進国においては,とりわけ既に高いカバー率と民間投資を促す制度的風潮のために,民間部門が市場の80%を占めている.

第13章 (知識・能力の拡充) では,情報通信技術革命によって,水に関するデータや情報の収集・保存・共有が格段に進歩した一方で,報告書は,世界および地域の水バランス予測に関する不確実性が依然として残っている,という課題も指摘している.もし子どもたちが適切な衛生に関する教育を受けていれば,初等教育によって子どもたちが自分の家族に健康について教えることができ,それによって,致命的な下痢性疾患に対する家庭の脆弱

性を，少なくとも 40 ％軽減することができる重要な情報やスキルを伝達することができると，報告書は強調している．また，水とジェンダーの関係において，ほとんどの発展途上国において，女性が食料の 60〜80 ％を生産しており，水に関連するすべての開発行為において重要なステークホルダーであるといえるのだが，彼女たちは依然として，水資源の管理決定や計画の中心となることができないままである，と報告書は課題を指摘している．

⑤ 第 5 部 (責任の共有)：第 14 章では，世界各地で起こっている水問題を取り上げ，実際の事例として紹介している．そして，第 15 章の結論へと続いている．

1.3.3 第 3 次報告書 [13)

a. 概要 　　第 3 次報告書では，これまでの 2 つの報告書と比較して，いくつかの変更が行われた．まず，学術界，研究機関，NGO，公共機関の専門家から構成される技術諮問委員会が設置され，報告書に関する調整と評価が行われた．さらに，7 つの専門家グループが設置され，分野ごとの科学的知見や政策提言の強化が図られた．デザインも一新された．これらの変更を受けて，第 3 次報告書は，気候変動や食料，エネルギー，災害管理等の分野の分析を通して，水分野を持続可能な発展に組み込む実際の行動のために求められる対応や提言を行っている．以下に，各章の要点をまとめる．

b. 各章のハイライト

① 第 1 章 ウォーターボックスの外へ：水を持続可能な発展への意思決定に結び付ける．

　　「ウォーターボックス」のジレンマともいうべきものが解決されなければならない．水供給や衛生，水力発電，灌漑や洪水管理，等の水分野に携わるリーダーたちは，水が持続可能な発展に必要不可欠であることをわかっていながら，開発目標やそれを満たす人材・資金の配分に関する決定を怠ってきた．問題は深刻化しており，今まさに行動が求められている．

② パート 1—何が水に影響をもたらすか (第 2〜5 章)

　1) 第 2 章 人口，経済および社会状況に関連した駆動力：人口や経済，社会といったあらゆる種類の人間活動とプロセスが，水資源に負荷を与

えるため，管理される必要がある．これらの負荷は，技術革新，制度・財政の状況，気候変動等の様々な要因の影響を受ける．

　人口においては，年齢分布，移民，都市化等のあらゆる変化が，水需要の増大や汚染といった形で，淡水資源に負荷を与える．経済においては，世界経済の成長や変化のみならず，国際貿易の増加によっても，仮想水という形で負荷をもたらす．社会的要因としては，各個人において，ライフスタイル，嗜好，ニーズの変化が水需要および利用に影響を与えている．

2) 第3章 技術革新：技術革新により，水需要，供給，水質において，良い影響や悪い影響，もしくはその両方が生じる可能性がある．また，全く予期しない変化が起こることもある．それ故，発展途上国における適用の際には，そのような技術革新の負の側面が克服されなければならない．

3) 第4章 政策，法令および財政：水管理を効果的かつ効率的に実施し，適切に意思決定プロセスを形成する努力が，水資源管理に関する法律，政策，戦略の採用によって続けられている．しかしながら，必要な政策や法律が策定されても，インフラ整備のための十分な資金，制度的・人的キャパシティがなければ，水資源開発は実行されないのである．こうした状況を打開するために政策決定者は，様々な目的における社会的かつ環境的に受容可能なトレードオフやそのような妥協のコスト負担に関する政治的決定を下す必要がある，と報告書は指摘している．

4) 第5章 気候変動と将来予測：IPCC の AR4 により，気候変動は既に実際に起こっていることがほぼ確実となり，その変化は人間が引き起こしたとも言われている．人間や環境への気候変動による主な影響は，水を通して生じる．つまり，気候変動は水資源を変化させる基本的な要因のひとつであり，逆に言えば，気候変動に対する緩和および適応によって水資源もまた，影響を受ける可能性がある，と報告書は述べている．気候変動による将来予測を包括的に行うのは難しい．なぜなら，気候変動が水資源に影響を及ぼす要因は複雑で，相互に連関しているからである．包括的な将来シナリオを描くためには，それらの要

因の変容と，そのストーリーラインの背後にある論理が検証され，再
定義される必要がある，と報告書は指摘している．

③ パート 2—水の利用 (第 6～9 章)

1) 第 6 章 水がもたらす多くの便益：水は経済発展において重要な役割を
果たしているし，水管理への投資によって生命の安全や健康リスクの
軽減が可能となる．水供給は，衛生状況の改善，手頃な価格での食糧
入手，等を可能にし，貧困軽減に寄与している．このように，水供給
の重要性は，標準的な社会生活や政治体制が崩壊している社会におい
ては，特に顕著である．このような破綻国家における国家建設におい
ては，水供給の迅速な再構築が求められる．

2) 第 7 章 水利用の変化：水供給や衛生状況の改善，環境の持続可能性と
いう従来の課題がいまだに解決されない中で，気候変動への適応や食
糧・エネルギー価格の上昇，老朽化したインフラと水管理の財政負担
といった新しい課題が顕在化し，水利用変化の要因となっている．さ
らに，世界人口は現在も増加の一途を辿り，中国やインド等の新興国
の経済発展に伴って，水の消費量はさらに増えると予想されており，
水資源に対する負荷は増すばかりである．

3) 第 8 章 水利用が水システムと環境に及ぼす影響：人間活動のパターン
と激しさが水量と水質に影響を与えてきた．経済的に重要な河川流域
や地下の帯水層の消失・汚染が世界各地で進んでいる．とりわけ発展
途上国では，有効な法律や制度があっても，水利用に伴う負の影響を
管理することができないのが実情である．さらに，汚染物質と水質の
変化に関する信頼できる情報が，発展途上国では著しく不足している
と，報告書は指摘している．

4) 第 9 章 「水の競合」と「生態系にかかる圧力」の管理：社会や環境の
ニーズを満たすための水をめぐる競争やその管理上の欠点は，管理の
改善やより良い立法，より効果的で透明性の高い配分メカニズムを通
じた社会的対応の拡充を求めている．その政策課題は以下のとおりで
ある．

・水資源の賢明な計画

28 / 第1章 水危機対応の国際的潮流

- ・ 利用可能性および支流におけるニーズの評価
- ・ 実行可能な再配分もしくは既存の貯水池における貯水の拡充
- ・ 水需要管理の強調
- ・ 水利用における公平性および効率性のより良いバランス
- ・ 不十分な立法および制度的枠組み
- ・ 老朽化したインフラへの財政負担の増加
- ・ 土地と水資源の関連付け
- ・ 他国政府の政策との整合性かつ一貫性のある決定

④ パート3—水資源の現況 (第10〜13章)

1) 第10章 地球固有の水循環：水が液体，固体，気体という物理的な3つの様態に変化することから，水資源および水循環は多くの構成要素からなる．例えば，雨，蒸発，流出水，地下水，貯水等であり，このために，化学的・生物的水質，空間的・時間的多様性，回復力，負荷に対する脆弱性，汚染に対する感受性 (影響の受けやすさ)，有効なサービスの提供，持続可能な利用のための能力，等の点を考慮する必要がある．このような多様性の結果として，人間は水循環に大きな改良を加えたため，その後の変化の度合いや行方を解明するのが困難になった．さらに，そのような改良の結果，水資源の不均衡な配分が生じ，世界の多くの地域における水危機の根本原因となった．それに加えて，気候変動が水需給に大きな影響を及ぼすようになり，新たなリスクとなりつつある．

2) 第11章 地球の水循環に見られる変化：多くの気候研究者が，地球温暖化は世界的な水循環の加速化ないしは拡張によるものであり，既に起こっているものであると認めている．降雨量については，変化の見られる地域とそうでない所があるが，降雪については量や頻度に変化が見られるという．

また，多くの研究が，流出水や河川流量の変化，干ばつあるいは洪水の激化を指摘している．他方で，人間活動や農業に多くの地下水が使用され，将来枯渇することが懸念されているが，予想される気候変動に備えて，地下水を再充填する枠組みづくりが現実に求められてい

る.

　水循環の変化は地球上の炭素循環に相互作用を及ぼしており，20世紀に人間活動が原因で排出された炭素のおおよそ25％を地球の生物圏が占めた可能性があるが，それがいつまで残存するかは定かではないと，報告書は指摘している.

3) 第12章 変わりゆく災害，そして新たな脅威：水関連災害には，多すぎる水(洪水，浸食等)や少なすぎる水(干ばつ，湿地や住居の喪失)という自然に起こるものと，化学的・生物的汚染による影響という人為的なものとがある. いずれにせよ，気候変動によって予想される脅威に対応する管理戦略を策定するために，資源のより持続可能な利用を指向する政策や実践が求められると，報告書は強調している.

　多くの地域で，気候変動に起因する水災害が頻発化・激化しており，発展途上国では激しい洪水により多数の死者が出ているし，先進国においても数十億USドルの損害が生じている. これらの一因として，資源管理の失敗とリスク管理の軽視が挙げられると，報告書は指摘している.

　また，流量の変化と人間活動による化学的・生物的廃棄物によって，世界の多くの河川の水質と生態系の機能が変わってしまった. さらに地球温暖化は，水温への影響を通してエネルギー精算と物質循環に副次的な効果をもたらすとされており，その結果，藻類や有毒なシアノバクテリアの増加や生物多様性の喪失が起こると懸念されているという.

4) 第13章 観測データ管理の改善：既存の世界規模での水観測ネットワークでは完全なデータを提供することができず，適切な水資源管理や将来のニーズの予測ができないという. また，汚水発生やその処理，水質に関する地球規模の包括的な情報は存在していない.

　世界の水資源管理においては，水資源の状況や気候変動や水利用，土地利用に伴う変化に関する信頼できる情報が求められている. しかしながら，データへのアクセスの物理的な制限や，安全保障・政治上の制約，商業的な条件によって，水文データの共有はほとんど行われていないのが実情である.

30 / 第1章　水危機対応の国際的潮流

　　　　したがって，水資源管理の向上のためには，陸地ベースに加えて衛星ベースでの監視体制構築とそれによるより効率的なデータの収集・利用が求められる．現状では，そのための資金調達・投資促進が課題である．

⑤ パート4—対応と選択

　1) 第14章 ウォーターボックスの中の選択肢：水分野における解決策の実例は数多く見受けられる．現在および将来の課題に対処するには，以下のような改革を通じた制度の構築が求められている．

- ・ 地方分権化
- ・ ステークホルダーの参加と透明性
- ・ 実現可能かつ公平な場合においての民営化の促進
- ・ パートナーシップと協調
- ・ 水の恩恵を共有するための新しい行政システム

　　　　意思決定の向上のためには，ステークホルダーの調整，計画・実施・管理の各段階での説明責任の拡大，水と関連分野との間の信頼醸成，腐敗と管理の失敗との闘いが求められると，報告書は主張している．そのためには，組織構造の強化や水供給の効率化が不可欠であると述べられている．

　　　　他方で，的確な解決策の構築には，イノベーションおよび研究が最も重要となる．そのためには，水およびそれ以外の領域における制度的・人的キャパシティの構築が必要であると報告書は指摘している．キャパシティの発展には教育が不可欠であり，そのための様々なツール（On the Job training, e-learning 等）の活用が望ましいと強調されている．

◎参考文献

1) 仲上健一：サステイナビリティと水資源環境，pp.30-34，成文堂，2008年.
2) 仲上健一：地球環境保全と水環境政策，環境技術，Vol.22, No.11, 1993年11月.
3) International Water Resource Association　Proceedings：III World Congress on Water Resources (8 volumes) IWRA, Mexico City, 1979.4.
4) ICWE UNCED 資料研究会：21世紀の水と環境—水と環境をめぐる国際的な動き—，大成出版社，1992年.

5) 世界水会議 (World Water Council) ウェブサイト：
http://www.worldwatercouncil.org/.
6) Second World Water Forum
http://www.waternunc.com/gb/secWWF.htm.
7) 第 3 回世界水フォーラムウェブサイト：
http://www.waterforum.jp/worldwaterforum3/jp/index.html.
8) 第 4 回世界水フォーラムウェブサイト：
http://www.worldwaterforum4.org.mx/home/home.asp.
9) 第 5 回世界水フォーラムウェブサイト：
http://www.worldwaterforum5.org/.
10) 第 1 回アジア太平洋水サミットウェブサイト：
http://www.waterforum.jp/summit/.
11) World Water Assessment Programme : The 1st World Water Development
Report; Water for People, Water for Life, UNESCO, Paris, available from
http://www.unesco.org/water/wwap/wwdr/wwdrl/table_contents/
index.shtml, 2003.
12) World Water Assessment Programme : The 2nd World Water Development
Report; Water — a shared responsibility, UNESCO, Paris, available from
http://www.unesco.org/water/wwap/wwdr/wwdr2/table_contents.shtml, 2006.
13) World Water Assessment Programme : The 3rd World Water Development
Report; Water in a Changing World, UNESCO, Paris, available from
http://www.unesco.org/water/wwap/wwdr/wwdr3/pdf/WWDR3_Water_in
_a_Changing_World.pdf, 2009.

◎基本文献

1) 環境と開発に関する世界委員会編, 大来佐武郎監修：地球の未来を守るために, 福
武書店, 1987 年.
2) 高橋裕：地球の水が危ない, 岩波新書, 2003 年.
3) マルクド・ヴィリエ著, 鈴木主税他訳：ウォーター──世界水戦争, 共同通信社, 2002 年.

2 水危機と気候変動による水資源環境影響

2.1 水危機に対する市民意識

　今日における水危機とは何であろうか．人間の生命・生活・社会活動において通常必要とする水に対する要求水準が満たされない時，水危機への認識の第一歩が始まるであろう．そして水を基本としてきた生活様式・生産様式に影響を及ぼし，その影響が恒常的に起こる時，水危機は常態化段階へと移行しつつあると認識するであろう．渇水，水害，水質汚染に代表される水危機に対して，人間の長年の対抗史があり，そして事前対応的な備えも行ってきている．その営為の成果に，今日の都市の繁栄があり，豊かな農村がある．平成 21 年 7 月に実施された『国土交通行政インターネットモニター』アンケート調査で，『国内における水危機に関する意識調査』が実施された[*]．本アンケートにおいて定義された水危機とは，「渇水や塩水障害，水道に関連する施設 (水路，浄水場，取水施設，ダム等) の老朽化・地震等による損害，水質事故等の要因により，水を容易に入手できなくなること」と定義されている．この定義は，水危機と市民生活において直接的に認識できる内容に限定されているものの，水危機についての市民意識を直接的に問うたものとして意義深いと思われる．

　アンケート調査結果の中で，「各種水危機の発生の可能性」についての回答は，次のとおりである．

① 地震および施設老朽化による水危機について：8 割以上
② 水質事故，洪水，渇水による水危機について：7 割以上

---

[*] 国土交通省：報道資料，国内における水危機に関する意識調査の結果について，平成 21 年 8 月 27 日，「国土交通行政インターネットモニター」アンケート調査，「国内における水危機に関する意識調査」対象者；平成 21 年度国土交通行政インターネットモニター 1 199 名，回答率；87.9 %(1 054 名)，実施期間；平成 21 年 7 月 9〜23 日

34 / 第2章 水危機と気候変動による水資源環境影響

③ 塩水障害による水危機について：5割程度

　特に，地震国日本において，地震と水危機との関連について認識の度合いが高いことが特徴である．これは，阪神・淡路大震災時において，水の重要性が認識されたことが定着したと思われる[1]．さらに，近年多発している老朽水道管の破裂による水道事故が市民意識に影響を与えていることも読み取れる．また，水質事故，洪水，渇水による水危機について7割以上の人が認識していることは，改めて市民生活において水への関心が深いことが示された．

　このような水危機に対する認識を踏まえて，水危機に対する必要な施策についての回答は，次のとおりである．

① 施設の耐震化や老朽化対策が75％と高く，水供給ルートの複線化や貯水施設の整備66％，さらには雨水貯留施設の設置43％と高い．このように，水危機に対する認識を基本に直接的な施設的対応というハード対策による解決を必要としていることが読み取れる．

② 個人による水備蓄(43％)，自治体による水備蓄(40％)と水危機に対して事前の対応の重要性を認識していることが示されているが，備蓄に対する施策の具体的イメージや，効果についての市民的広報が少ない中で，理解が得られていないことが読み取れる．

　本アンケートの回答結果が示すように，水危機に対する市民の認識が醸成されつつあると同時に，対策についてもハード・ソフトの方式での対策についても認識が高まりつつある．しかしながら，近年，水危機の様相は少しずつ，かつ急激に変化しつつある．

2.2　渇　水　[2]

　近年の渇水による被害発生年として，1939年の琵琶湖大渇水，1964年の東京オリンピック渇水，1967年の長崎渇水，1973年の高松渇水，1978年の福岡渇水，1994年の列島渇水があげられる．また，沖縄県は，常時，渇水の危険性にさらされているといえよう．渇水被害による影響は，国民生活に影響を及ぼすだけでなく，経済的被害，さらには甚大な農作物被害をももたらす．

　渇水による生活，経済社会活動への影響・被害の概況の特徴は，次のとおりで

ある.

① 家庭用水：市民のすべて生活に直接・間接的に影響を与えるとともに，対応策の負担が個人的に強いられる．特に，飲料水の確保は市民生活に多大なる不便を強いるものであるが，今日においては，ペットボトルの普及や個別家庭に対する宅配便の発達により，深刻度は変化しつつある．しかしながら，平常時において便利な給配水システムが完備する中で，節水，断水等の状況においては，通常生活の維持に脆弱性が見られる．

② 都市活動用水：都市機能や都市活動の水準が低下し，都市の活力が失われる．都市の効率性・快適性維持のために，都市用水は大量に消費されている．都市においては上水道完備されているため，都市における自然的な河川水・湧水・地下水の都市生活・事業所的利用は行われておらず，渇水時は都市システムの維持が困難になる．

③ 工業用水：工場等の生産水準が低下するとともに，用水確保のための代替手段の確保のための新たな資金が必要となる．今日の工場においては，用水の効率的利用の徹底は図られており，工場操業中の用水供給が前提となっている．水備蓄を行っている工場および代替手段としての地下水の確保している工場は，維持コスト削減のため減少しつつあり，渇水の発生により工場への給水が長期的に制限された場合は，直接的に影響を受ける．

④ 農業用水：生産水準が低下するとともに，新たな労働が強化される．日本は，長年農業国であったため，水に対する認識はきわめて高かった．その意識が今日の農業用水の利用形態を生み出してきた．近年，水田の減少や農家数の減少により，農業用水のあり方が問われつつある．農業にとって，最も必要な時に必要な農業用水がなければ稲が育たないという特殊事情が存在しているために，渇水による水確保が困難になることにより，さらには気温等が要求適温と大きく異なることにより，壊滅的な打撃を受ける．

これらの各用水における渇水被害総額は正確には推定できないのが現実である．渇水被害は現実の社会経済システムへどの程度の規模で影響を及ぼすのであろうか．これらの正確な推定に基づく議論がなされない限り，渇水問題が社会へきわめて重要な問題として提起されることはない．また，これらの渇水被害への対応策として，アンケートで回答されたように，個人による水備蓄 (43 %)，自治体によ

36 / 第2章 水危機と気候変動による水資源環境影響

る水備蓄 (40 %) という認識が形成されている．しかしながら，水を備蓄するという行為は現実的でなく，ミネラルウォーター等が飲料水として一般生活への普及したことにより，現代の渇水問題は飲料水の確保といった生命に関わる点での深刻な渇水問題はなくなったのではないのかという世論が形成されつつある．渇水時に生活用水と農業用水との間において用水間のネットワーク形成により臨時的な対応策を講じることを想定しても，現在の水利用体系のもとではその実現は困難である．1994年度渇水においては，四国地方では従来の慣行では行われなかった農業用水の生活用水への転用が行われた．しかし，この事例をもってしても普遍化する理由にはならないのが現実である．さらには，これらの経済社会システムの高度化・多様化によって発生する渇水問題への新たな疑問に対して，旧態然の方式である「水供給の安全度の向上」という対応だけでは，既に水資源開発計画の世論形成の点でも限界がきている．すなわち，これらの疑問に答えることなしに総合的渇水対策事業を実施しても，現代の都市問題の矛盾を確実に拡大するとともに，渇水対応策としても必ずしも有効な施策とはならない．そして，水資源開発事業の経営収支バランスの不均衡の激化に伴い最終的には水道料金の高騰化へと繋がる．高騰化は市民の経済的生活に直接的に反映するが，有効な対策を見出すことは困難である．水道経営においては，水道経営の状況を評価する項目として，収益性，資産状況，財務状況，施設効率，生産性，料金妥当性，費用の健全性が厳しく設定されているため，これまでのように需要拡大追随型の水道経営も行えない環境であり，渇水に対して安易に施設容量を拡大して安全性を確保するという政策判断もとれない．ここに，「公共水システムの復権」の意義を見出すことができるのである．

2.3 水　　害

2004年，米国で発生したハリケーン，カトリーナによる災害は死者1200人を超える大災害となり，また，日本でも2010年の奄美大島の台風被害も水害に対する認識を大きく変えた．水害に対するこれまでの経験や対策技法だけでは対処できない事態が頻繁に起きつつある．水害の対象としては，①人命の損失，②住宅の全壊・半壊・流失，および床上・床下浸水による財産の損失，③農業・工業等

2.3 水害 / 37

表 2.1 日本における水害被害の概要

年月日・名称	被害地域	被害の概要	備考
1885年6〜7月 大阪　淀川大洪水	大阪	被災人口276 049人	808橋といわれた大阪の橋は30余橋が次々に落ちた
1907年8月21日〜26日 明治40年の大水害	山梨県	死者223人 流出家屋5000戸余り	
1934年9月21日 室戸台風	西日本中心	大阪湾に高潮 死者行方不明3 066人	
1938年 7月3〜5日 阪神大水害	神戸市および阪神地区	死者616人 流出家屋1 786戸	
1945年 9月17〜18日 枕崎台風	鹿児島県枕崎市付近に上陸し，日本を縦断	死者2 473人 行方不明者1 283人 負傷者2 452人 広島県では死者 行方不明者合わせて2 000人	昭和の三大台風のひとつ
1947年 9月14〜15日 カスリーン台風	関東地方中心に大きな被害。利根川と荒川の堤防の破堤	死者1 077人 行方不明者853人 負傷者1 547人	
1953年 7月16〜25日 南紀豪雨(紀州大水害)	特に和歌山県南部。有田川や日高川等が決壊	死者713人 行方不明者411名 負傷者5 819名　和歌山県内だけで1 000人を超える死者 行方不明者	
1953年 8月11〜15日 南山城の大雨	京都府，三重県境で局地豪雨	死者290人 行方不明者140人 負傷者994人	
1953年 6月23〜30日 昭和28年西日本水害	熊本県を中心に区九州全域で被害発生	死者748人 行方不明者265人 負傷者2 720人	6月25日日降水量　熊本411.9mm 佐賀366.5mm 福岡307.8mm
1957年7月25〜28日 諫早豪雨	長崎，熊本，佐賀県で大雨	死者586人 行方不明者136人 負傷者3 860人 諫早市だけで500名を超える死者	日降水量1 000mmを超える局地豪雨
1958年 9月26〜28日 狩野川台風	伊豆半島，東京付近	死者888人 行方不明者381人 負傷者1 138人	狩野川が氾濫
1959年9月26〜27日 伊勢湾台風	紀伊半島沿岸一帯と伊勢湾沿岸で高潮，強風，河川の氾濫により甚大な被害	死者4 697人 行方不明者401名 負傷者38 921人	昭和の三大台風の一つ
1974年9月1日 多摩川水害	東京都狛江市	堤防の決壊で19戸が崩壊	
1982年7〜8月 豪雨(長崎豪雨)と台風10号	西日本　長崎，熊本中心	死者427名 行方不明者12名 負傷者1 175名	7月23日 長崎では3時間に313.0mm 日降水量448.0mmの豪雨
2008年8月9日	兵庫県佐用町	佐用町だけで死者行方不明20名	24時間雨量326.5mm
2010年10月18〜21日	鹿児島県奄美大島	死者3名　家屋の浸水や土砂災害が多数発生	奄美市名瀬で10月20日の日降水量は622mm

出典
1)気象庁ホームページ. 災害をもたらした気象事例(平成元〜22年), (昭和20〜63年)／ アクセス2011年1月5日.
　http://www.data.jma.go.jp/obd/stats/data/bosai/report/index.htm,
　http://www.data.jma.go.jp/obd/stats/data/bosai/report/index2.html
2)淀川河川事務所. 洪水の記録, 明治18年／アクセス2011年1月5日
　http://www.yodogawa.kkr.mlit.go.jp/know/old/flood/b004.html

38 / 第2章 水危機と気候変動による水資源環境影響

の産業被害，④交通網・通信網等のインフラ破壊による被害，がある．

水害の原因としては，気象 (大雨，暴風雨，台風，サイクロン，ハリケーン等)，高潮・高潮位，融雪によるものが主要な原因である．特に 2000 年以降，急激な集中豪雨の被害は，その様相が大きく変化している．

戦後，日本の国土は，数々の水害に見舞われた．それは，戦争による国土の破壊による保水力の低下もその一因であった．これらの水害対策のために，ダム，堤防，水道施設等のインフラ設備が行われてきた．日本における水害被害の歴史の概要を**表 2.1** に示す．

日本は洪水被害列島であり，そのための対策が河川法 (明治 28 年) 以来，営々と実施されてきたが，近年の異常気象による豪雨の水害は，これまでの状況とは異なった様相を呈している．

表 2.1 に示すように，日本各地で毎年大きな水害被害は発生しているものの，1982 年の長崎豪雨以降甚大な水害は発生しなったが，兵庫県佐用町の水害に見られるようにこれまでの降雨パターンとは異なった水害が発生しつつある．

水害被害額は，一般資産等 (一般資産，営業停止損失額，農作物)，公共土木施設 (河川等，その他)，公益事業等に統計的に分類される．

表 2.2　日本の水害被害額の推移 (平成 11～20 年)

年	水害被害額	内訳(構成比[%])			[参考]	[参考]
(速報値)	(平成12年価格) [億円]	一般資産等 [億円]	公共土木施設 [億円]	公益事業等 [億円]	水害被害額 (名目値)[億円]	死傷者数 [人]
平成20年	1 767	1 067(60.4)	658(37.2)	42(2.4)	1 627	94
平成19年	2 269	598(26.4)	1 641(72.3)	29(1.3)	2 088	277
平成18年	3 721	936(25.1)	2 737(73.6)	48(1.3)	3 446	662
平成17年	4 982	2 527(50.7)	2 355(47.3)	100(2.0)	4 656	291
平成16年	21 333	14 169(66.4)	6 973(32.7)	191(0.9)	20 183	3 208
平成15年	2 932	1 140(38.9)	1 742(59.4)	51(1.7)	2 806	281
平成14年	3 082	898(29.1)	2 137(69.3)	47(1.5)	2 995	198
平成13年	2 840	555(19.5)	2 257(79.5)	27(1.0)	2 803	146
平成12年	9 964	7 864(78.9)	2 015(20.2)	85(0.9)	9 964	191
平成11年	8 965	3 838(42.8)	5 071(56.6)	56(0.6)	9 120	1 059

注) 1.四捨五入の関係で，内訳の合計と水害被害額が一致しない場合がある．

　　2.死傷者数は，平成11～15年は警察庁調べ，平成16年以降は消防庁調べに基づき作成．

　　3.平成19, 20年の水害被害額の平成12年価格は，推定値である．

平成 11 年 (1999 年) から平成 21 年 (2009 年) における被害概要は，**表 2.2** に示すとおりであり，その特徴を整理すると，次のとおりである [3)].

① 水害被害額が 1 兆円を超えた年は，平成 16 年 (21 333 億円) であり，死傷者数は 3 208 人である．一般資産 66.4 ％, 公共土木施設 32.7 ％である．

② 一般資産の被害額において，10 年間の中で最大は，14 169 億円 (平成 16 年) である．

③ 公共土木施設の被害額は，大きい順に平成 16 年 (6 973 億円)，平成 11 年 (5 071 億円) である．

2.4 水質汚染

2010 年 11 月 27 日，環境省は全国の公共用水域の河川，湖沼の 2009 年度における水質調査の測定結果を発表した．測定地 3 335 箇所の水域中 2 922 の水域で環境基準値をクリアし，環境基準達成率は 87.6 ％となり，過去最高の達成水準を記録した．河川水質のワースト 3 は**表 2.3** に示すとおりである [4)]．このように，工場排水・家庭排水等の直接放流規制，下水道の整備，河川の清掃等の成果により，近年急激に水質は改善されている．

表 **2.3** 河川ワースト 3 の変遷 (BOD 値 [ppm])

年	1位		2位		3位	
昭和47年	綾瀬川	55.2	大和川	19	猪名川	17.2
昭和54年	大和川	13.9	綾瀬川	13.4	鶴見川	13.4
平成元年	綾瀬川	14.4	大和川	9.3	揖保川	6.8
平成11年	綾瀬川	8.4	大和川	7.2	鶴見川	5.4
平成21年	綾瀬川	3.7	中川	3.2	大和川	3.2

このように，生活環境周辺地域における河川の水環境は急速に改善されている．しかしながら，他の水質汚染は，地下水のハイテク汚染，湖沼底部汚染，海洋汚染等が依然として現存している．

海外における水質汚染としては，例えば中国の太湖の汚染，バングラディシュ，ベトナム等に代表される地下水の砒素汚染等も深刻である．

40 / 第2章 水危機と気候変動による水資源環境影響

2.5 気候変動と水資源環境影響 [5)]

2007年2月2日に発表されたIPCC第4次評価報告書 (AR4) において，地球温暖化が水分野にもたらす脅威が指摘された．地球温暖化に伴い，氷河や南極等の氷の融解，海水の熱膨張，蒸発散量の増加，積雪量の減少が発生し，水資源環境への影響が予測された．これらの影響内容は，高潮および海岸浸食，洪水の増大，土砂災害の激化，渇水危険性の増大である．日本はじめ世界各国で，気候変動に伴う水関連災害分野における適応策が検討されつつある．本節では，気候変動に伴う水資源環境影響について整理する．

2.5.1 地球温暖化に伴う気候変化と国土・社会への影響

IPCC第4次報告書の最大の成果は，世界平均地上気温の昇温予測と海面水位上昇予測を科学的により精度を高くしたことでああろう [6)]．気候変化とその影響に関する観測結果は次のとおりである [7)]．

① 過去100年間 (1906〜2005年) の昇温度傾向は100年当り0.74°Cである．

② 世界平均海面水位は，1961年以降，年平均1.8mmの速度で上昇し，1993年以降は，年当り3.1mmの速度で上昇した．

③ 降水量は，1900年から2005年にかけて，南北アメリカの東部，ヨーロッパ北部，アジア北部と中部でかなり増加した．ほとんどの地域において，大雨の発生頻度が増加している可能性が高い．

④ 氷河や雪解け水の流れ込む河川の多くで，流量増加と春の流量ピーク時期の早まりにより影響を受けている．

このような観測結果をもとに，予想される気候変動とその影響を次のように整理した [7)]．

1) 21世紀末における世界平均地上気温 [1980〜1999年を基準とした2090〜2099年における差 (°C)] は，最良の見積もりでは1.8°C)，最も排出量が多いシナリオでは4.0°Cである．

2) 21世紀末における海面水位の上昇 [1980-1999年を基準とした2090〜2099年における差 (m)] は，最良の見積もりでは0.18〜0.38 m，最も排出量が多いシナリオでは0.26〜0.59 mである．

2.5 気候変動と水資源環境影響 / 41

3) 極端な高温や熱波，大雨の頻度は引き続き増加する可能性がかなり高い．

4) 熱帯低気圧の強度が増大する可能性がかなり高い．

5) 温帯低気圧の進路の極方向への移動と，それに伴う風・降水量・気温の分布が移動する．

6) 世界の年間河川流量および利用可能性は，高緯度地域において増加し，中緯度地域と熱帯乾燥地域において減少する．

7) 極端な気象現象の頻度と強度の変化および海面水位上昇は，自然および人間システムに悪影響を及ぼす．

報告書では，産業革命以前からの気温上昇を $2 \sim 2.4{}^\circ C$ に抑えるためには，2050年における CO_2 排出量 (2000 年比) を $50 \sim 85$ ％削減しなければならないと分析した[8]．先進工業国は，その発展過程において，世界の資源，とりわけ発展途上国の天然資源を過度に採掘し，そして枯渇させ，環境を汚染してきた．ここに科学的に明らかになった地球温暖化において，その影響が先進工業国，発展途上国の区別なく全地球的に及ぼす場合，これまで先進工業国の発展の犠牲となってきた発展途上国は甘んじて未来の経済発展の可能性を奪われることをよしとしないであろうことは想像に難くない．また，国際社会の中でそれぞれの国家が政策主体となって行う地球温暖化対応も，より国民と密着する地方政府の政策対応は個別的状況に応じて必ずしも実現可能性の解を見出せるとは限らない．さらには，実施主体である産業や市民のレベルでは，これまで石油危機において実践してきた省エネルギー対策等において十分な努力がなされており，さらに根本的な転換の実現可能性が存在するかどうかという課題が浮き彫りにされる．これらの政策実施において，政策の効果，実現可能性の保障，政策の実行に伴うインタレストグループ間の公平性の保障，さらに複雑な政策実施に伴う社会的配慮についての現実的な議論が求められる[9]．

2.5.2 気候変動と水資源への影響[10]

IPCC 第 1 次評価報告書 (FAR) が 1990 年に報告されてから近年に至るまで，大規模な干ばつや洪水，集中豪雨等の異常気象が世界各地で頻発するようになっていたが，地球温暖化との因果関係は低いとして，もっぱら大気中の温室効果ガスを減らして地球温暖化を食い止めようとする緩和策が行われてきた．一方，IPCC

42 / 第2章　水危機と気候変動による水資源環境影響

は FAR の後もデータを集積し続け，十分な科学的根拠が得られたとして，今回の AR4 において，初めて，地球温暖化によって気候変動が起こっていることは「紛れもない事実」(Unequivocal) であると明記した．そのうえで，気候変動は今既に起こっているものと認識し，その影響を最小限に抑える適応策が今後は求められる，と IPCC は指摘した [11]．

　地球温暖化の影響で，1906 年から 2005 年までに観測された 100 年間の気温上昇は 0.74°C であった．最近 50 年間 (1956〜2005 年) においては，10 年間に 0.13°C の割合で気温が上昇した．これは，過去 100 年間 (1906〜2005 年) のほぼ 2 倍に相当しており，近年になって世界の平均気温が上昇傾向にあることが顕著である [12]．

　この気温上昇の影響を最も受けているのが，水資源であるといえるだろう．世界の平均気温の上昇とともに海水面も上がってきており，1961 年以降で年間平均 1.8 mm，1993 年以降では年間平均で 3.1 mm も海面が上昇した [13]．今後 2100 年までの間に，気温はさらに 1.8〜4.0°C 上がると予測されており，水資源環境へのさらなる影響が懸念されている [14]．以上のような海面上昇によって，沿岸域や低平地では水災害等のリスクの増大が予測されており，例えば，洪水や暴風雨による被害の拡大とその影響を受ける人々の毎年百万人規模での増加や，世界のおよそ 30 ％の沿岸湿地の消失が考えられている．また気候変動の影響で，淡水資源においても水不足や干ばつの頻度の増加が予測されている．例えば，低・中緯度地域においては水の利用可能性が減少して干ばつの頻度が増加し，水不足にさらされる人々が急激に増加することも懸念されている [15]．

　ここまで示してきたデータと予測に基づいて，気候変動が水資源環境に与える影響を整理すると，次のとおりである．

① 多くの地域での寒い昼夜の減少および暑い昼夜の頻出度合いが増加する．
　・雪解け水に依存する水資源量が影響を受け，水供給パターンおよび需要パターンが変化する．
② 暖かい時期や熱波が多くの地域における頻度が増加する．
　・水需要パターンが変化する．生態系の変化により，水質も変化する．
③ 豪雨発生頻度が多くの地域において頻度が増加する．
　・未曾有の洪水被害が発生するとともに，豪雨の出現パターンも変化し，被

害が拡大する．地表水および地下水の水質への悪影響も出現し，供給水の汚染も見られる．

④ 干ばつにより影響を受ける地域が増加する．

・より広範な地域において水不足が発生するとともに，農作物に不作が見られる．

⑤ 強大な台風活動が増加する．

・未曾有の洪水被害が発生するとともに，豪雨の出現パターンも変化し，被害が拡大する．既存のインフラストラクチャーでの対応が困難になる．

⑥ 高潮現象が増加する．

・既存の高潮対策施設での対応が困難になる．塩水の侵入による淡水の利用可能量が減少する．

気候変動によって干ばつや熱波等の異常気象の被害が増大し，台風の強大化や豪雨で水災害の頻度が増え，人間の様々な活動に大きな影響が及ぶことがわかる．これらの影響を最小限に抑えるためには，こうした異常気象や災害が発生した場合を想定して，それに適応するための方策を検討することは必要不可欠である．

2.5.3 日本における気候変化に伴う水資源への影響 [16)]

気象庁が作成した気候変化に関するレポート [17),18)] では，気候や海面水位の変化を次のように整理している．

a. 降水量　　月降水量における異常少雨の年間出現数は有意に増加しており，一方，異常多雨については，長期的に有意な傾向はない．日降水量 100 mm 以上200 mm 以上の日数は 1901 年から 2006 年間で有意な増加傾向がある．短期的強雨の発生回数はここ 30 年間で増加する傾向がある [19)]．

年最大日降水量を現在と 100 年後とで比較した場合は，RCM20* の予測結果の変化率 (A2 シナリオ) は，おおむね 1.0〜1.5 倍となる．100 年後における地域別の降水量は，**表 2.4*** に示すとおりである．

---

* **RCM20**(Regional Climate Model 20:日本周辺を計算の領域としている地域機構モデル．水平解像度は 20 km×20 km) の予測結果の変化率:2081 年〜2100 年平均値)/(1981 年〜2000 年平均値)

* **GCM20**(General Circulation Model 20:全地球を計算の領域としている気候モデル．水平解像度は 20 km×20 km)

44 / 第2章　水危機と気候変動による水資源環境影響

表 2.4　各地域における 100 年後の年最大日降水量の変化率

北海道	東北	関東	北陸	中部	近畿	紀伊南部	山陰	瀬戸内	四国南部	九州
1.24	1.22	1.11	1.14	1.06	1.07	1.13	1.11	1.1	1.11	1.07

b. 洪水　　100 年後の年最大日降水量の変化率が現在の治水安全度*がどの程度低下するか全国の 82 水系において試算が行われた．その結果，現計画が目標としている治水安全度は，200 年に 1 度程度の場合は 90〜145 年に 1 度程度，150 年 1 度程度の場合は 22〜100 年に 1 度程度となり，発生頻度が高くなると推定している[16]．

表 2.5　100 年後の降水量の変化が治水安全度に及ぼす影響

地域	将来の治水安全度(年超過確率)					
	1/200(現計画)	水系数	1/150(現計画)	水系数	1/100(現計画)	水系数
北海道	—	—	1/40〜1/70	2	1/25〜1/50	8
	—	—	1/22〜1/55	5	1/27〜1/4	5
関東	1/90〜1/120	3	1/60〜1/75	2	1/50	1
北陸	—	—	1/50〜1/90	5	1/40〜1/46	4
中部	1/90〜1/145	2	1/80〜1/99	4	1/60〜1/70	3
近畿	1/120	1	—	—	—	—
紀伊南部	—	—	1/57	1	1/30	1
山陰	—	—	1/83	1	1/39〜1/63	5
瀬戸内	1/100	1	1/82〜1/86	3	1/44〜1/65	3
四国南部	—	—	1/56	1	1/41〜1/51	3
九州	—	—	1/90〜1/100	4	1/60〜1/90	14
全国	1/90〜1/145	7	1/22〜1/100	28	1/25〜1/90	47

c. 渇水リスク　　1965 年頃から少雨の年が多くなってきており，年平均降水量を大きく下回る年では渇水被害が発生している．1994 年渇水やそれを超える大規模な渇水の発生も懸念される[2]．極端な少雨現象の発生は，河川流出量を減少させ，ダムの貯水量の低下から，下流の必要流量の確保が困難となる．さらに，気温上昇による積雪量の大幅な減少と雪解け時期の早期化は，河川流出量を減少させる[16]．

＊ **治水安全度**:治水計画における河川の安全の度合い．

2.5.4 日本における水資源影響への将来予測 [20)]

　温暖化影響総合予測プロジェクトチームによる報告書によるとも地球温暖化による豪雨の増加に伴う洪水期待被害額は，年間1兆円と推定されている．被害額の推定方法は，「現在100年に1回の豪雨が50年に1回程度まで増加した場合の被害額増加額を，洪水氾濫計算結果と治水経済マニュアルを用いて洪水被害額を算定」したものである．その結果，東京周辺では，1000億円/km^2，大阪，名古屋周辺では，200億円/km^{2}以上の被害が見られる [21)]．

　一方，毎年生じるとされる無降雨期間と100年に1回生じるとされる無降雨期間との比較において，河川の濁質成分の増加が見られ，それが浄水場における水処理を押し上げる要因になることを指摘している [22)]．

　将来の水需給バランス・渇水リスクの予測においては，北海道，東北の東岸で水需給バランスが逼迫し，九州南部と沖縄の水資源は特に逼迫することが示された [23)]．

◎参考文献 ——————————————————————————

1) 仲上健一・吉越昭久・小幡範雄：新防災都市と環境創造─阪神・淡路大震災と21世紀の都市づくり─，法律文化社，1996年6月．

2) 仲上健一：1994年度渇水被害と節水型社会再考，水資源・環境研究，Vol.8，1995年12月．

3) 国土交通省河川局：Press Release，平成20年の水害被害額の速報値 (全国・都道府県別) について，平成21年8月6日．

4) 国土交通省：ワースト5の変遷より．
http://www.mlit.go.jp/river/toukei chousa/kankyo/kankyou/suisitu/worst.pdf#search

5) 仲上健一：気候変動への適応に向けた流域圏システムの設計，政策科学，17巻 [特別号 (通巻44号)]，立命館大学政策科学会，2010年3月．

6) 気象庁翻訳：IPCC第4次評価報告書第1作業部会報告書/政策決定者向け要約，平成19年3月20日．/
http://www.ipcc.ch/SPM2feb07.pdf

7) 文部科学省・経済産業省・気象庁・環境省：IPCC第4次評価報告書/統合報告書/政策決定者向け要約 (仮訳)，平成19年11月30日．

8) 原沢英夫：温暖化の最新の科学的知見を紹介 (総括及び統合報告書概要)，国立環境研究所，IPCC第4次評価報告書のポイントを読む，国立環境研究所地球環境研究センター，2007年12月．

46 / 第 2 章　水危機と気候変動による水資源環境影響

9) 仲上健一：地球温暖化と IPCC，政策科学部の基礎とアプローチ (第 2 版)(見上崇洋・佐藤満編)，ミネルヴァ書房，2009 年 4 月.

10) 仲上健一・濱崎宏則：気候変動と統合的水管理, 国際公共経済研究, No.20, pp.18–27, 2009 年 11 月.

11) IPCC：Climate Change 2007; Synthesis Report., 2007.

12) IPCC：Climate Change 2007; Synthesis Report, Summary for Policymakers, 2007.

13) Jean-Sébastien Thomas, Bruce Durham：Integrated Water Resource Management;looking at the whole picture, Desalination, Vol.156, Issues 1-3, pp.21-28, 2003.

14) Karen S. Meijer：Human well-being values of environmental flows: enhancing social equity in integrated water resources management, Amsterdam, IOS Press, 2007.

15) Lewis Jonker：Integrated water resources management; theory,practice,cases, Physics and Chemistry of the Earth, Parts A/B/C, Vol.27, Issues 11-22, pp.719-720, 2002.

16) 社会資本整備審議会：水災害分野における地球温暖化に伴う気候変化への適応策のあり方について (答申)，平成 20 年 6 月.

17) IPCC：Climate Change 2007;Synthesis Report, Summary for Policymakers, p.13, Table SPM 3., 2007.

18) 環境省：IPCC 第 4 次評価報告書統合報告書概要 (公式版)—2007 年 12 月 17 日 version」，pp.48 -49，2007.

19) 気候変動監視レポート 2006.

20) 温暖化影響総合予測プロジェクトチーム：地球温暖化「日本への影響」—最新の科学的知見—，環境省地球環境研究総合推進費　戦略的研究開発プロジェクト S-4 温暖化の危険な水準及び温室効果ガス安定化レベル検討のための温暖化影響の総合的評価に関する研究，平成 20 年 5 月.

21) 風間聡・沖大幹：温暖化による水資源への影響, 地球環境, Vol.11, No.1, pp.59-65, 2006.

22) 風間聡：前掲 20)「温暖化により浄水費用が増加」，p.16.

23) 多田智和：前掲 20)「(5) 水需給の将来予測」，p.19.

◎基本文献

1) IPCC：IPCC 地球温暖化第 4 次レポート—気候変動 (2007)，文部科学省・経済産業省・気象庁他訳、中央法規出版，2009.

2) 世界銀行：気候変動への世界的対応—先進国対途上国，田村勝省・小松由紀子訳，一灯舎，2010.

3) ゴドレージュ・ディンヤル：気候変動—水没する地球，戸田清訳，青土社，2004.

3 気候変動への適応策と統合的水管理

3.1 気候変動と適応策と統合的水管理

3.1.1 気候変動の水資源環境影響への適応策

　気候変動の水資源環境影響への適応策を実施する場合，既存の対策技術を単純に実施するだけでは効果を発揮しない．そのためには，気候変動により，降雨において量的に，そして出現頻度にどの程度の変化があり，影響の変化の度合いがどの程度かを推定することが重要である．IPCC AR4 において，気候変動による水資源環境影響の変化程度がより正確に推定されつつあり，この推定値を仮定しつつ，適応策，戦略，政策枠組，制約要素と実施機会についての検討が必要である．

　社会資本整備審議会は，**表 3.1** に示す事例を提示した[1]．水部門においては，雨水の取水拡大，貯水および保全技法という，都市域における資源としての水を効率的に利用しようという方式の拡大であり，水の再利用，淡水化は工業用水，下水道等においての効率的利用をさらに促進しようというものである．灌漑の効率については，農業用水の伝統的利用に対して高率性を求めるものである．

　一方，インフラ／居住部門においては，堤防等の施設補強による対応，洪水緩衝地帯の土地の確保である．**表 3.1** に示す，日本における気候変動への適応策は，国連環境開発会議におけるアジェダ 21 にその原点を見ることができる．アジェンダ 21 の「淡水資源の質および供給の保護」において，既に水資源に対する気候変動の影響 (18.82〜18.90) が計画領域として設定された．すなわち，気候変動の影響に対する認識として，「水需給に不均衡を助長」「海面上昇による塩水の侵入」が設定された．そのための対策の目標として，気候変動の影響を定量化，効果的な国レベルでの対策が設定された．

　水管理に共通する問題の困難性が 1977 年の「マル・デル・プラタ行動計画」か

48 / 第3章　気候変動への適応策と統合的水管理

ら今日に至るまで抜本的に解決されていない中で，気候変動の適応策についての実効性，効果，受容性についての検証が必要であろう．特に個別技術対応的方法でなく，河川を軸とした流域圏的対応の統合的水管理の実践的政策化が求められる[2]．

表 3.1　100年後の降水量の変化が治水安全度に及ぼす影響

部門	適応オプション／戦略	基礎となる政策枠組み	主要な制約要素と実施機会
水	雨水の取水拡大，貯水および保全技術，水の再利，淡水化，水の利用と灌漑の効率化	国内水資源政策，および水資源統合管理，水関連災害の管理	資金，人材，物理的障壁，*統合水資源管理，他部門とのシナジー*
インフラ／(居住沿岸地帯を含む)	移動，防波堤，高潮堤防，砂丘の補強，海水面上昇および洪水に対する緩衝地帯としての土地の取得と沼地／湿地の構築，既存の自然障壁の保護	気候変化への配慮と設計に取り入れる基準および規制，土地利用政策，建築コード，保険	資金および技術的障壁，移動空間の利用可能性，総合政策と管理，*持続可能な開発目標とのシナジー*

*立体文字：制約要素　　斜体文字：機会

出典：社会資本整備審議会，水災害分野における地球温暖化に伴う気候変化への適応策のあり方について(答申)，p.11，平成20年6月．

3.1.2　水危機への適応策と統合的水管理

　水資源環境の基本的コンセプトを形成してきた河川法が1896年に成立してから，数度の改定を経ながら，河川をめぐる資源管理と環境保全の統一が志向されつつある．国土形成においても，また都市形成においても，河川管理をめぐる課題は，都市における周辺的課題から，今日においては中核的な課題へとなりつつある．持続可能な循環型社会を形成する重要な要素として，水資源環境が循環を形成する貴重な資源として捉えられる．

　生命・生活・都市を支える水，地球環境としての水が世界の各地において危機的な状況にある．それは，循環資源である水が地球温暖化・酸性雨・砂漠化の影響を受け，水量・水質ともに危険な水準に達していることにも起因する．全世界で起こっている台風，ハリケーン，サイクロン等の暴風雨は，従来の規模・頻度を確実に超えており，我々は気候変動に対する緩和策さらには適応策をとることが緊急に求められている．

　土木学会地球温暖化特別対策委員会適応策小委員会が水工学，海岸工学，環境

工学の視点から，「地球温暖化に対する適応策を推進し，将来安全で安心な国土の姿を早期に示す必要がある．また，必要な法制度や技術体系の仕組み，費用，組織，人材の確保など具体的な戦略を併せて立案する必要がある．特に政府において専門の担当部署を設置するなど強力な推進体制の構築が望まれる」とまとめ，「賢い選択と粘り強い適応」というコンセプトを提案している[3]．

すなわち，「7. 水の安全保障に関する適応策の推進に向けての提言」では，「国が国家プロジェクトとして地球温暖化の下での緩和策のみならず適応策地球温暖化望まれる」と考え方を示している．

さらに，温暖化の影響対象分野として，①気温・水温の上昇，②降雨・積雪の減少，③降雨パターンの変化1(渇水対策)，④降雨パターンの変化2(豪雨洪水対策)，⑤台風・高潮の変化，⑥複合災害，⑦海水面上昇と設定し，適応策の事例を(a) 水関連災害 (流域・河川)，(b) 水関連災害 (沿岸域)，(c) 水供給，(d) 下水とその処理，(e) 廃棄物関連，(f) 水環境，(g) 都市生活，(h) 農村生活，等の別に整理している．以下に報告書より，主要な適応策を紹介する．

① 気温・水温の上昇
　(a) 水関連災害 (流域・河川)：特になし
　(b) 水関連災害 (沿岸域)：養殖・漁業形態の変更
　(c) 水供給：下・廃水処理による栄養塩流入の抑止
　(d) 下水とその処理：嫌気性処理技術の開発と導入
　(e) 廃棄物関連：有機系廃棄物の堆肥化促進と利用
　(f) 水環境：下・廃水処理による栄養塩流入の抑止／水温変動を見越した水生植物の植栽
　(g) 都市生活：下水処理水や地下水による打ち水や，緑化による放熱の促進
　(h) 農村生活：下水処理水や下水汚泥，浚渫底泥の栄養塩の利用技術の開発と導入

② 降雨・積雪の減少
　(a) 水関連災害 (流域・河川)：風化防止ネットの取付け
　(b) 水関連災害 (沿岸域)：特になし
　(c) 水供給：ダム貯水池操作の工夫，水利権の見直し
　(d) 下水とその処理：特になし

(e) 廃棄物関連：特になし

(f) 水環境：森林保全，雨水の地下水注入等による積雪に代わる水源涵養法の促進

(g) 都市生活：除雪の抑制

(h) 農村生活：森林保全

③ 降雨パターンの変化 1(渇水対策)

(a) 水関連災害 (流域・河川)：水工施設の弾力的・効果的活用

(b) 水関連災害 (沿岸域)：特になし

(c) 水供給：家庭内・ビル内での循環利用，下水処理水の再利用，水源の分散化・ネットワーク化

(d) 下水とその処理：処理雨水の利用や促進するための基準や諸制度の充実，高度処理技術の開発と適用

(e) 廃棄物関連：処理水の再利用を促進するための処理場の分散化

(f) 水環境：下水処理水の環境安全性の向上，渇水時の水生生物の避難所の確保

(g) 都市生活：節水機器の導入および節水意識の向上

(h) 農村生活：安全水源としての下水処理水の利用，ダムの新設

④ 降雨パターンの変化 2(豪雨洪水対策)

(a) 水関連災害 (流域・河川)：ダムの治水・利水容量を効率的・効果的に活用／観測体制の強化や降雨・流出予測技術の向上／水害危険度評価の高度化／洪水予報・土砂災害警戒情報や水防警報の予警報等の強化

(b) 水関連災害 (沿岸域)：総合的沿岸域管理

(c) 水供給：ダム群の容量の再編 (治水容量と利水容量の振り替え)

(d) 下水とその処理：処理水の農業利用を促進するための基準や諸制度の充実，農家との連携

(e) 廃棄物関連：施設の豪雨に対する対策強化

(f) 水環境：正常流量の見直し，代表的な中小河川のモニタリング結果から，他の中小河川も評価できるような仕組み作り

(g) 都市生活：適切な土地利用・建築規制の実施による流域管理，ハザードマップや災害リスク等の情報を提供し支援，中枢機能における国家

機能麻痺回避システムの構築

(h) 農村生活：浸水危険度の高い地域で農業を営む農家のリスクを軽減するための制度の導入／災害リスクの提示や保険整備等を活用したインセンティブの提供による土地利用の誘導

⑤ 台風・高潮の変化

(a) 水関連災害 (流域・河川)：水位観測所の増設

(b) 水関連災害 (沿岸域)：既存施設の強度検証，浸水保険制度

(c) 水供給：特になし

(d) 下水とその処理：台風時の生活排水・工場排水の規制

(e) 廃棄物関連：特になし

(f) 水循環：特になし

(g) 都市生活：高規格堤防化，高潮対策河口堰の建設，避難ルートの確保の確認

(h) 農村生活：浸水危険度の高い地域で農業を営む農家のリスクを軽減するための制度の導入

⑥ 複合災害

(a) 水関連災害 (流域・河川)：特になし

(b) 水関連災害 (沿岸域)：複合災害を想定した設計基準の見直し

(c) 水供給：水資源の備蓄

(d) 下水とその処理：下水処理施設の耐震化

(e) 廃棄物関連：余裕を持った処理施設の設計

(f) 水循環：特になし

(g) 都市生活：堤防の耐震化

(h) 農村生活：特になし

⑦ 海水面上昇

(a) 水関連災害 (流域・河川)：適切な土地利用・建築規制の実施による流域管理，高潮対策河口堰の建設

(b) 水関連災害 (沿岸域)：施設更新等に併せて，増大する外力を見込んだ高潮堤防の嵩上げ／防災訓練・教育，自主防災組織への支援

(c) 水供給：塩水侵入に対する地下水涵養，利用制限

52 / 第3章 気候変動への適応策と統合的水管理

- (d) 下水とその処理：雨水ポンプの強化
- (e) 廃棄物関連：雨水排除能力の強化
- (f) 水循環：遡上状況に応じた遡上抑制ゲート等の設置
- (g) 都市生活：ゼロメートル地帯では高層住宅，または，産業利用，または緑地利用，スーパー堤防化
- (h) 農村生活：淡水の地下水浸透の促進，計画的な撤退

このような，適応策のインベントリーは，適応策を体系的に設計想する場合に重要な要素である．これらの個別要素技術が効果を発揮するためには，流域別，河川別の適応策の検討および評価，さらには統合的水管理の技法の導入が必要であろう．統合的水管理においては，関連ステークホルダーの利害調整ならびに合意形成のための意思決定システムにおいて，ここに検討された適応策がどのように地域社会に受け入れられていくかを目標とする．

3.2 統合的水管理のフレームワーク[4)]

3.2.1 統合的水管理の系譜

1950〜60年代，戦後復興のための社会インフラ整備という意味合いから進められたダム等の大規模な水資源開発によって生態系や自然環境は深刻な影響を受けた．1970年代後半から，破壊された生態系や自然を元に戻そうという国際的な気運が高まり，水資源の無造作な開発ではなく流域の管理によってその需要に対処するという方向へシフトした．この頃から管理の重要性が認識され，そのあり方について議論されるようになった．

1972年の国連人間環境会議で採択された「国連人間環境宣言」は，その原則2および原則13において，水を含む天然資源は統合的かつ協調的なアプローチで，慎重な計画もしくは管理によって適切に保護されなければならないとした．この宣言を契機として，水問題を話し合う国際会議が継続的に開かれ，水資源管理のあり方が議論されてきた．例えば，1992年に採択された行動計画「アジェンダ21」の第18章は，「淡水資源の質と供給の保護：水資源の開発，管理および利用への統合的アプローチの適用」としてまとめられており，その対象となる7つの行動計画の最初に，「統合的水資源開発および管理」を挙げている．この項目の中では，

「統合的水資源開発および管理」を推進するための「行動のための基礎や目標，行動，実施手段」が掲げられている．「行動のための基礎」においては，「部門担当諸機関における水資源開発についての所管の分断は，統合的水管理を推進するのに予想以上に大きな障害物となってきた．効果的な実施・協調メカニズムが必要である」として，セクターの統合の必要性を訴えている[5],[6]．2000年の第2回世界水フォーラムで採択された「ハーグ宣言」は，統合的水管理を「社会的，経済的，環境的要因を考慮し，地表水，地下水，および水が流れる生態系を結合するもの」と定め，「市民から国際機関に至るまですべての次元における協力と連携に依存」するとしている[7],[8]．

1960～70年代における行き過ぎた「開発」への反省として，80～90年代には環境への配慮という視点から水資源の「管理」へとアプローチがシフトした．さらに，1987年の「持続可能な開発」概念を契機として，そこにサステイナビリティや市民参加，社会経済，流域全体で考える視点等が「統合」され，90年代以降，今日に至るまでに統合的水管理の概念が生成されてきた．

3.2.2 統合的水管理の理論

B. Mitchell[9]は，統合的水管理を3つの次元に分類して説明している．第1の範疇では，給水・排水・廃水処理・水質といった水の構成要素の諸側面における統合が挙げられている．第2のレベルでは，水の他に土地および環境という要素が統合される．ここには，洪水対策・土地の侵食・湿地の保全・農業排水等の問題が含まれる．第3の次元では，持続可能な開発の概念が統合される．統合的水管理において，対象とすべき要素を整理すると，次のように整理できる．

① 水資源・環境の問題：河川，湖沼，地下水，水需給計画，水質基準，水環境
② 問題複雑性：人口増加，都市化・工業化，上下流対立問題，人権侵害，開発援助，生態系破壊，地球温暖化
③ 多様なステークホルダー：国際機関，国家，自治体，企業，水利組合，漁業組合，市民，NGO，観光客
④ 供給サイドから需要サイドへの視点のシフト：公平性，説明責任，透明性，効率性，生存必要量の確保

統合的水管理が水資源管理のための最も望ましい手法であるためには，これらの

54 / 第3章 気候変動への適応策と統合的水管理

問題点への対応がその中に盛り込まれなければならない．例えば，N.S.Grigg[10]
は，統合的水管理には，1) 関係政治・行政機関，2) 地理的区分，3) 水利用の諸目
的，4) 自然・生態系保護という4つの視点があり，これらのバランスがとれてい
ることが重要だと述べている．また，これらの背後には，5番目の視点として，科
学技術，法学，財政学，経済学，政治学，社会学，生命科学，数学，その他の諸科
学の知識を混合した学際的な視点があると説明している．この N. S. Grigg の5
つの要素は，今日の水問題のかなりの部分を包含しているが，公平性や透明性と
いう水を利用する側にとって欠かすことのできない視点が考慮されていない．ま
た，「1) 水利用の諸目的」においては，家庭や農業，工業等の項目が示されている
が，その前提となる水資源についての言及がなく，現実の水問題を網羅している
とは言い難い．

　また，H. H. G. Savenije と P. Van der Zaag[11] は，統合的水管理が考慮すべ
き4つの次元として，①水資源 (地表水，地下水，塩水等)，②水ユーザー (家庭，
工業，農業，水力等)，③空間的尺度 (国際，国内，地方)，④時間的尺度 (洪水，
干ばつ，雨季と乾季等) を挙げている*．

　以上を踏まえて，今日の水問題に対応することができる統合的水管理に必須の
要素として，次のように整理した．

(1) 水資源の要素：水量，水質，水需給，水循環，地下水
(2) 問題領域の統合要素：持続可能性，人権，自然，地球温暖化
(3) ガバナンスの要素：流域統合，市民参加，パートナーシップ
(4) 使う側の視点に立つ要素：説明責任，透明性，公平性，効率性
(5) 学際的な要素：科学技術，法学，政治学，経済学，社会学，土木技術

　現在の水問題のすべての要素が網羅された統合的水管理は，それを解決するた
めの水資源管理の手法として意義がある．

---

* H. H. G. Savenije と P. Van der Zaag のこの4次元で IWRM を捉える考え方の中には，公
平性や透明性等の観点は含まれていないが，水に関する政策を練るうえではこの要素が必要だと
述べている．しかし，本論文では，公平性は水資源の管理において求められるものであるという
立場から，IWRM にそれが含まれていないことを指摘している (H. H. G. Savenije, P. Van
der Zaag：p.292, 2008)．

3.2.3 統合的水管理のフレームワークと課題

これまでの議論を総合する形でここでは統合的水管理の定義を考察するが，その際に NGO として水分野で国際的に活動している地球水パートナーシップ (GWP：Global Water Partnership) による統合的水管理の定義を参考とする．GWP は，世界銀行や国連開発計画 (UNDP) 等の資金提供を受けて統合的水管理の支援を行っており [12)]，統合的水管理を「必要不可欠な生態系の持続性と妥協することなく，経済的効果と社会福祉を最大化するために，公平な方法で，水，土地および関連資源の，協調的開発・管理を促進する 1 つの過程である」と定義した [13)]．

この定義の中には，「生態系の持続」や「社会福祉」「公平な方法」「水，土地および関連資源」等の要素が「統合」されている．抽象的ではあるが，多様かつ複雑な水問題への対応を考慮した柔軟な定義である．一方，「市民参加」や「流域の統合」等，これまで考察してきた要素の中で重要な部分が欠落している．今日の水問題に対処するための統合的水管理には前述の要素が不可欠であり，「公共水システムの復権」という基本的な観点を踏まえて統合的水管理を次のように定義する．

① 統合的水管理は，根源的には，地表水だけでなく地下水や仮想水等のすべての水資源を統合して管理しようとする手法である．

② 統合的水管理の遂行にあたっては，様々な問題に直面する．それらの問題には，持続可能な方法で統合的

③ 統合的水管理においては，様々な利害関係が生じる．それ故，流域単位における，可能な限り多くのステークホルダーの，意思決定プロセスへの統合が求められる．

④ 統合的水管理は，水を利用する人の立場に立ち，公平なものでなくてはならない．その管理においては，説明責任が果たされ，透明性が確保されなければならない．

⑤ 統合的水管理の検討においては，様々な学問領域の情報・知識を統合した学際的なアプローチが求められる．

統合的水管理の定義が一定の普遍性，客観性を持つためには，その内容についての認識が広く共有されなければならない．そのためにはその内容を指標化し，統合的水管理の実施状況について評価を行うことで，統合的水管理概念について共通の理解が得られるようになるであろう．

56 / 第3章 気候変動への適応策と統合的水管理

客観的な指標による統合的水管理の実施状況の評価によって統合的水管理の達成度が高いと判断されれば，その国際流域における取組みが成功事例だといえることにもなる．そのような成功事例 (best practice) は，他の様々な事例の問題解決にも寄与できるであろう．

ただし，統合的水管理の実施状況を評価する指標に関してはよく検討する必要がある．まず，その指標は世界中のすべての水源を公平・公正に評価できるものでなければならない．また，評価を行ったことによって統合的水管理の状況に改善が見られるのか，あるいは行政や地域住民等の意識に変化はあるのかなど，その有効性を検討していく必要がある．

3.2.4 統合的水管理と気候変動

AR4で，気候変動が水資源に影響を与えていることが明らかになり，人間や社会経済，生態系等，関連する様々なものにも大きな影響を及ぼしていることがわかった．これは，気候変動の影響で水に関する様々なリスクが高まってきたことを示唆している．気候変動という観点から，平常時だけでなく危機時の管理のあり方も統合して考えていく必要が出てきたといえる．

気候変動による水資源への影響に対する適応策としては，海水の淡水化や水利用と灌漑の効率化等が挙げられるが，これらの推進のためには統合的水管理が重要な役割を果たす．これらの実施にあたっては，行政府だけではなく企業や住民とのパートナーシップが不可欠であり，また国際流域においては国境を越えた流域単位での協力も求められる．

気候変動による水資源への影響は，既に現実なものとなっている．このような状況において，その適応策を検討することは急務であり，その基礎となる統合的水管理に関して共通認識を形成することが喫緊の課題である．

河川・湖沼および流域に関する統合的水管理は，水需給計画，水質管理，洪水管理，水関連法が関与している．それぞれの要素は，水循環，水および土地利用，経済的・社会的制度により規定されている．この範囲で完結してきた統合的水管理に対して，近年においては，「気候変動，流域間調整，人権・貧困問題，大気汚染」等の外部的要素に対して，これまでの地理学や土地利用学のような伝統的な学問的対応だけでは，不十分になりつつある．そこには，流域の自律的な統合的

水管理だけで解決できる課題と，新たなる外部的変化条件に対応するための統合的水管理のフレームワークの検討が必要となるであろう．

◎参考文献 _____

1) 社会資本整備審議会：水災害分野における地球温暖化に伴う気候変化への適応策のあり方について (答申)，p.11，平成 20 年 6 月.
2) 仲上健一：気候変動への適応に向けた流域圏システム設計，政策科学，17 巻 [特別号 (通巻 44 号)]，立命館大学政策科学会，2010 年 3 月.
3) 土木学会地球温暖化対策特別委員会：土木学会地球温暖化対策特別委員会報告書—地球温暖化に挑む土木工学—，2009 年 5 月.
4) 仲上健一・濱崎宏則：気候変動と統合的水管理，国際公共経済研究，No.20，2009 年 11 月.
5) 国連経済社会理事会，持続可能な開発局ホームページ.
http://www.un.org/esa/sustdev/documents/agenda21/english/agenda21chapter18.htm
6) 松岡勝実：水法の新局面—統合的水資源管理の概念と制度上の諸課題，水利科学，水利科学研究所，48 巻 1 号，pp.7-8，2004 年.
7) The 2nd World Water Forum：Ministerial Declaration of the Hague on Water Security in the 21st Century，2000.
8) 松岡勝実：前掲 6)，p.9.
9) A.Bruce Mitchell：Integrated water management;international experiences and perspectives，Belhaven Press，pp.1–21，1990.
10) N. S. Grigg：Water Resources Management，Mcgraw-Hill.，1996.
11) H. H. G. Savenije, P. Van der Zaag：Integrated water resources management: Concepts and issues，Physics and Chemistry of the Earth，Parts A/B/C，Vol. 33，2008.
12) 地球水パートナーシップ (GWP) ホームページ.
http://www.gwpforum.org/sevlet/PSP
13) Global Water Partnership, Technical Advisory Committee：Integrated Water Management，Global Water Partnership，2000.

◎基本文献 _____

1) 田島正廣：世界の統合的水資源管理 (水資源・環境学会叢書 7)，未来，2009.
2) 大塚健司：流域ガバナンス—中国・日本の課題と国際協力の展望，アジア経済研究所，2008.
3) 和田英太郎・谷内茂雄・脇田健一他：流域環境学—流域ガバナンスの理論と実践，京都大学学術出版会，2009.

4 戦略的適応策のフレームワーク

4.1 戦略的適応策のためのアプローチの視点

4.1.1 水危機回避のための視点

　水危機による被害の深刻さ，人々への生活へ及ぼす過酷さは想像に難くない．地球温暖化が顕在化する将来においては，長年の水に対処してきた人々の知恵も役に立たないことが多くなるであろう．水危機を回避するためには，現状の危機に対する認識を転換しなければならない．渇水，水害，水質汚染の被害状況は，日本，アジア，世界の現状を見るならば拡大の一途をたどるであろう．そのことが，巨大都市，大都市，地方都市，農漁村地域，限界集落地域にも大きな打撃を与える．水危機が従来の様相と異なり，予測し難い事象が発生することが想定される場合，その回避のためには，新たなる視点を持たねばならないであろう．

　その視点として，水保全，サステイナビリティ，セキュリティという3つの視点が必要である．水保全とは，水と人間との関係を正常に保つということである．水管理においてこれまで踏襲してきた，単なる量的・質的な要求水準を満たすということでなく，対象とする都市・地域の自然的・社会的・歴史的条件の実情に応じた都市・地域の水への対応の適性化を意味する．

　水システムは，自然システム，社会システム，人間システムとも関連するとともに，目的を持つステークホルダーの相互間関係，さらには水をめぐるコンフリクトに規定される．特に，持続可能な水資源システムという視点で考察した場合，より明確な水資源管理の基準の設定が重要である．将来の健全な水資源開発と適正な管理のためには，異なった時間的・空間的スケールにおけるプロセスの相互関係を理解しようとする能力と意思が重要である．水資源管理においては，十分な量と質を供給するというそれらのシステムに対応するという義務を有するとと

60 / 第4章　戦略的適応策のフレームワーク

もに，受入れられる価格や信頼性，環境保護，生物多様性の保全，将来世代のためのエコシステムの健全性という視点も必要である．

　水システムの評価，開発，管理に関して，Ertuna は**表 4.1** に示すように基本的機能に整理した[1]．

表 4.1　水システムの機能

機　能	概　　要	事　　例
生活的機能	地方のコミュニティは，市場にのらない形での水利用や水を使った生産物を作る	・地域の飲料水供給 ・伝統的漁業 ・生活用灌漑
商業的機能	公的または私的な企業は市場にのる形や金銭的価値のある水利用や水を使った生産物を作る	・都市飲料水供給 ・工業用水供給・灌漑 ・水力発電 ・商業的漁業 ・舟運
環境的機能	抑制的機能や非消費的利用	・浄化機能 ・塩水浸入の防止 ・リクレーションとツーリズム
生態的価値	エコシステムにおける水資源システムの価値	・環境保全 ・遺伝子プールと生物多様性 ・自然保護の価値

出典: Ertuna, 1995年.

　ここで整理した，水システムの機能は，生活，商業，環境，生態の機能が地域の条件により活用され，経済的・社会的価値を創出してきたのである．その価値が地域の条件により，保全され発展することが水危機回避のための視点として重要である．それぞれの機能について水危機を回避するための視点である水保全で見てみる．

① 生活的機能：地域コミュニティ形成の過程で，水利用システムが構築される．最も基本的な営為は飲料水の確保である．安全で安定的な飲料水の確保は生活の維持だけてなく，生命の保全にとって最も重要である．この水を利用しながら，生活を行い，水を利用して商品を作ることにより生活を潤すことができる．さらには，農業のための生活灌漑や，漁業的利用として，河川・湖沼を利用することにより生計をたてる．このように生活的機能での水保全は生きていくための基本的要素である．

② 商業的機能：生活の基盤が確立された次の段階では，コミュニティを中心にさらに活発な経済活動が展開する生活基盤を支える段階から経済財とし

て水利用を位置付け，より金銭的価値のある利用や生産物が作られる．伝統的な舟運，灌漑が，コミュニティの発展の基礎を築き，水力発電が，都市化・工業化の基礎を形成する．コミュニティから都市が形成する過程において，都市飲料水供給，工業用水供給等の水システムは都市経営の基盤となる．このように，コミュニティから都市への成長過程において水保全はその基礎を築くものとなる．

③ 環境機能：都市基盤が形成され，都市活動が活発化されるに従って，直接的経済効率性と関係ないと思われる河川等の水システムの保全が脆弱になる．都市環境の蘇生・再生において，水の環境的価値，さらには都市の跛行的な発展を抑制する機能として環境的機能が意味を有する．それは，河川の浄化機能の維持であり，潤いのある都市景観の保全であり，そのことにより都市の価値が高まるのである．都市と水との関係が保全されることにより，都市美・自然美を求めた観光等が発達し，都市の格が高まるのである．

④ 生態的価値：農村コミュニティおよび都市の生態的価値は自然的であろうと人工的であろうと存在する．その基本的要素が水資源システムである．都市・地域において水資源システムが適切に保全されることにより，地域環境の保全が確保されるとともに，生物の多様性が保障され，ひいてはそこに生活する人々により自然保護の価値を築くことになるであろう．

このように，水システムのそれぞれの機能が保全され，「公共水システム」として認識されることが水危機回避のための第一義的な視点である．

次にサステイナビリティ (持続可能性) の視点について考察する．サステイナビリティという概念は，「環境と開発に関する世界委員会 (WCED)」の報告書『Our Common Future』(1987 年)[2] で提唱された「持続可能な発展」の定義，「将来の世代が自らのニーズを充足する能力を損なうことなく，現在の世代のニーズを満たすような開発」に起因する．「持続可能な開発」という今日の環境政策の根幹的用語が，その後，世界各国における環境政策の基本概念となった．報告書の提唱以来，サステイナビリティは，環境分野のみならず，経済・社会・文化・思想の分野において広く用いられるようになった．サステイナビリティを体系化する学問としてサステイナビリティ学の構築が目指された．

サステイナビリティ学の目標は，「地球システム，社会システム，人間システム

の再構築と修復」にある．すなわち，「これらの3つのシステムおよびその相互関係に破綻をもたらしつつあるメカニズムを解明し，持続可能性という観点から各システムを再構築し，相互関係を修復する方策とビジョンの提示を目指す」と規定されている[3].

　サステイナビリティ学の構築を必要とする背景としては，気候変動による地球環境の異変，経済のグローバリゼーション，国際紛争・民族紛争による社会経済システムの崩壊，安全・安心な生活システムの破壊，等による未来に対する不安・不信の増大がある．これらのシステムの再構築と修復の必要性は，多くの人が認めるところであろう．700万年以上にわたる人類の歴史，さらには5000年以上の学問の蓄積が今日の人々の生命，生活，生産，社会を支えてきたが，ここに至って「地球システム，社会システム，人間システム」の現状はきわめて厳しい危機に直面している認識とともに，現実に人類はかつてない過酷な状況に遭遇していることになる．

　戦後復興するための科学が「生きるための個別専門科学」であったのに対し，サステイナビリティ学は，いわば，「死なないための超学際的科学」といえよう．

　サステイナビリティ学では，自然科学・社会科学・人文科学の融合を可能とする新しい学問パラダイムである．すなわち，客観主義を旨とした科学に人間性を導入し，真理探究中心であった学問スタイルに問題解決的志向を取り入れ，現実的対応をも目論むものである．そこには，「類としての人間」の可能性と限界性を認識しながら，「死なないための超学際的科学」の第1ステップが示されている．もちろん，これまで，人間が考究してきた学問の蓄積は膨大で量あるが，まず「有限性」を認識することを出発としている．それは，現状の肯定が「無限性」に繋がり，超学際的科学の必要性を否定するからである．これらの研究対象領域は，それぞれ個別の専門科学に基盤を立脚しながらも，その限界性を乗り越えるための目的性が求められる．

　サステイナビリティ学の特性は，時代状況認識にある．簡単に社会の実態を把握し，それを変化させることは，現実的には困難な課題であり，また安易にすべきでない．科学的な態度で社会と接することにより，より本質的な問題解決に到達するという態度であろう．もちろん社会変革のための実践を否定するものでなく，政策判断材料を提供するとともに，その背景にある社会的理解や長期を見通

した政策的態度が求められる.

水危機回避のための視点として,科学的な態度で社会と接することにより,より本質的な問題解決に到達するという態度が重要である[4].

最後にセキュリティの視点について考察する.水危機に対するセキュリティの概念をより限定的に使用するならば,「都市圏における水資源環境セキュリティの整備」として定義したい.

ウォーター・セキュリティという用語は,まだ未成熟な概念である.人間の安全保障という議論が20世紀末から急激に国連等の国際会議で登場する中で,「人間の安全保障」という概念が定着し,さらに敷衍して「都市の安全保障」「社会の安全保障」というセキュリティ議論が,より広範なテーマとして,従来からの防衛や外交以外の分野でも論じられるようになった.ウォーター・セキュリティの理念が社会に定着するためには,多くの概念規定に関する議論とともに優れた実践を通じた政策展開が必要であろう.

ウォーター・セキュリティは,持続可能な水資源環境開発と国際環境協力と深い関係にある.それは,水問題の所在が,地球環境・水循環という水文学的視点,さらには「人と水文化」という地域社会学的視点だけでは十分に捉えきることができない領域に深化したことを意味する.水環境保全からウォーター・セキュリティへと概念を拡張することにより,21世紀に入ってから急激に顕在化してきた「商品化する水」「市場化する水」「対立する水」といったウォーター・コンフリクトが,より先鋭的な形で新たな政策的フレームワークを提示することが可能となるであろう.すなわち,個別地域的な計画・管理や事業が,発展途上国においてもいまや国際環境協力事業という政府開発援助という段階にとどまらず,急速に水関連事業にも登場してきたウォーター・ビジネスの影響を受ける時代となったのである.すなわち,個別地域におけるウォーター・セキュリティの解決が,地域自身の意思決定だけで完結せず,絶えず世界の市場動向との関連とも連動している時代になったのである.

4.1.2 戦略的適応策の評価視点

気候変動の緩和策と適応策の有効性・効果性を評価する場合,実効性,経済性,社会的受容性等の多くの要素が必要である.水危機の水準に応じて,また水危機

64 / 第 4 章　戦略的適応策のフレームワーク

に対する認識や経験に応じても適応策に対する評価は異なってくる．そのため，
適応策とは，固定的，マニュアル的なものでなく，総合的かつダイナミックなも
のである．

　従来の水管理から統合的水管理への転換の必要性は，個別技術や制度の否定で
はなく，その統合化にある．

　戦略的適応策の評価の視点として，総合性と脆弱性がある．戦略的適応策にお
いては，個別適応策の否定ではなく，総合的かつ戦略的なことにある．

　すなわち，総合性の評価視点として，次の 3 点がある．

① 全体論的アプローチ[5]：適応策が個別的に有効に働くことは少なく，問題
　構造全体においてどのような重みを持つかを計算し，その中で最適な適応
　策を検索する．さらに，この適応策がどの程度の効果を有するかを事前に
　推定する．

② 多元主義：問題構造の道程の中で，選択すべき適応策を列挙し，その中で最
　も有効な適応策について吟味する．問題の状況により，適応策の選択基準
　も異なってくる．

③ 多重属性：適応策の要素についての評価を行う．実効性，経済性，社会的受
　容性について，状況に応じてその重みを推定する．

　次に，戦略的適応策の評価視点として脆弱性がある．

　IPCC 第 2 次報告書[6] において，脆弱性を，「自然あるいは社会システムが，気
候変動による持続的な悪影響をどれだけ受けやすいか，その程度を示す」と定義
している．すなわち，「気候変動に対するシステム自体の敏感性 (有益な) もので
あれ，害のある影響であれ，与えられた気候変動にシステムが反応する程度」と，
システムが気候変動に適応する能力 (実際上，プロセス上，構造上の調整によっ
て，与えられた気候変動により生じる損害の可能性を緩和あるいは相殺できる度合
い，あるいは便益機会を利用できる同意) との関係式」である．脆弱性評価には，
Contextual Vulnerability(潜在的な状況での脆弱性)，Outcome Vulnerability(結
果による脆弱性) があり，状況に応じて判断しなければならない．

　戦略的適応策において，脆弱性評価を導入する意味は次の 3 点にある．

① 現状の脆弱性の評価を行い，適応策を行う場合の実効性について推測する．

② 適応策の実行により脆弱性がどの程度改善されるかを推測する．

③ 将来における脆弱性改善のための時間的・予算的計画を策定する.

以上の総合性,・脆弱性の視点は適応策が地域において実施される場合,その効果を判断するために重要な指標となる.

水危機回避のための視点である「水保全,サステイナビリティ,セキュリティ―」が戦略的適応策において,どのような要素を対象とするかを図 4.1 に示した.

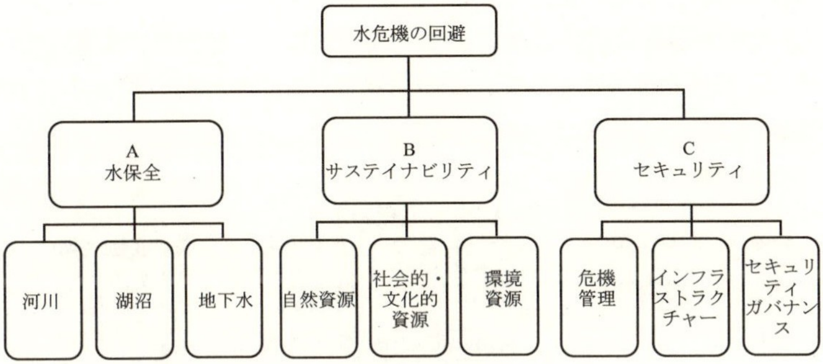

図 4.1　水危機回避の視点

① 水保全
　　1) 河川：流況,水量,水質,利用状況
　　2) 湖沼：水位,水質,底泥,利用状況
　　3) 地下水：水位,水質,利用状況
② サステイナビリティ
　　1) 自然資源：地形,地質,気象,生物多様性
　　2) 社会的・文化的資源：社会的ネットワーク,文化維持能力
　　3) 環境資源:復元能力,人間活動支持能力,廃棄物処理能力,アメニティ
③ セキュリティ
　　1) 危機管理：計画策定能力,評価システム能力,管理能力
　　2) インフラストラクチャー：水システム整備状況,水システム運営能力,水シムステム維持・更新能力
　　3) セキュリティ・ガバナンス：水システムに関する構想・計画・執行・管理の意思決定システム

66 / 第4章 戦略的適応策のフレームワーク

4.1.3 戦略的適応策の要素

水危機の対象として，渇水，水害，水質汚染を設定した．水危機の水準も状況に応じて異なってくる．

生存 (現在)：現段階においても，生存の危機が保障されない状況にある．
・ 生活 (平常)：平常な生活において，水危機となる．
・ 生活 (快適)：快適な生活において，快適さが喪失する．
・ 気候変動 (長期)：気候変動により，長期的にかつ想定外に影響を受ける．

表 4.2 で示した水危機について，その回避策としての行動を表 4.3 に示すように整理する．

表 4.2 水危機の水準

対象	生存(現在)	生活(平常)	生活(快適)	気候変動(長期)
渇水	飲料水の確保が困難	降水量が少ないため断水	降水量が少ないため節水	降雨変動のため取水が困難
水害	台風, サイクロン, ハリケーン等による大規模洪水被害	河川の洪水計画の未整備による洪水被害	都市型水害等	従来の統計的予測範囲を超えた洪水被害
水質汚染	ヒ素(バングラデシュ, ベトナム等)	河川, 湖沼, 地下水の環境基準	清浄な都市河川の汚染	気候変動に伴う水量変化に起因する河川・湖沼の水質汚染

表 4.3 水危機の管理行動

対象	戦略	計画	執行	維持・管理
渇水	生命維持水準の確保, 生活水準維持	水道計画(普及率, 地震対策), 渇水対策の整備	水道施設計画, 渇水対策ネットワーク整備	・施設の維持 ・管理の人的 ・財政的保障 ・ネットワーク構築の保障
水害	生命維持水準の確保, 水害対応型都市づくり, 洪水被害回避ネットワーク	水害対応型国土計画, 水害対応型都市計画, 水害回避システム	水害対策施設計画, 水害適応型都市設計, 水害対策ネットワーク	・施設の維持 ・管理の人的 ・財政的保障 ・ネットワーク構築の保障
水質汚染	生命維持水準の確保, 快適水環境の確保	水質改善計画, 水質保全計画, 快適環境創造計画	改善計画の実施計画, 快適環境ネットワークの構築	・施設の維持・管理の人的・財政的保障 ・ネットワーク構築の保障

- 戦略：現状および長期的視点で，水危機回避の方向性を定める．
- 計画：戦略に基づいて，水危機回避計画を策定する．
- 執行：水危機回避計画をソフト・ハードのシステムとして設計し，インフラストラクチャーの整備を行う．
- 維持・管理：インフラストラクチャーの整備計画がその目的を達成するための行政的，財政的，技術的な維持・管理を行う．

表 4.3 で示した水危機の管理行動について，その回避の対応策を表 4.4 に示すように整理する．

表 4.4　水危機の管理行動と対応策

対応策	戦略	計画	執行	維持・管理
従来型対応策	現状の法的範囲内での対応戦略	・水道計画 ・河川計画 ・下水道計画	施設の計画	・施設の維持・管理
現実的対応策	現状の問題を解決する方向での対応戦略	・水道計画 ・河川計画 ・下水道計画	水害対策施設の計画	・施設の維持・管理，人的・財政的保障
気候変動緩和策	気候変動の水資源環境影響を想定した緩和策の推進	・水道計画 ・河川計画 ・下水道計画	水害対策施設の計画，水害緩和型都市設計，水害対策ネットワーク	・施設の維持・管理，人的・財政的保障 ・ネットワーク構築の保障
気候変動適応策	気候変動の水資源環境影響を想定した適応策の推進	・水道計画 ・河川計画 ・下水道計画	水害対策施設の計画，水害適応型都市設計，水害対策ネットワーク	・施設の維持・管理，人的・財政的保障 ・ネットワーク構築の保障

- 戦従来型対応策：伝統的，または既存計画による対応策．
- 現実的対応策：現実に適合した対応策．
- 気候変動緩和策：気候変動による水資源環境影響を緩和する方向での対応策．
- 気候変動適応策：気候変動による水資源環境影響に適応する方向での対応策．

68 / 第4章　戦略的適応策のフレームワーク

4.2　戦略的適応策のフレームワーク

　戦略的適応策のフレームワークとは，図**4.1**に示すように，個別適応策を体系化したものであり，水危機に対する適応策を個別に適応する場合の戦略的判断に資するものである．

4.2.1　水危機の事実
① 空間：地域的特性を把握するために，水危機 (渇水，水害，水質汚染) に関する事例を参照する．
　　1) 日本：日本全体，都道府県単位，市町村単位の水危機の事例を参照する．
　　2) アジア：アジア地域全体，対象国単位の水危機の事例を参照する．
　　3) 世界：世界全体および世界各国単位の水危機の事例を参照する．
② 時間
　　1) 過去：1945〜2010年における対象地域の水危機の事例を参照する．
　　2) 現在：今次対象とする地域の現在の水危機の事例を分析する．
　　3) 未来：2010〜2050年における対象地域の水危機の事例の予測を参照する．
③ 地球規模
　　1) 渇水：対象年次の地球規模での渇水の状況を参照する．
　　2) 水害：対象年次の地球規模での水害の状況を参照する．
　　3) 水質汚染：対象年次の地球規模での水質汚染の状況を参照する．

4.2.2　現実の適応策
① 科学技術
　　1) 科学：水危機発生の科学的メカニズムの解明を行う．
　　2) 技術：水危機への適応策の技術的検討を行う．
　　3) 情報：水危機への適応策に必要な情報を整理する．
② 経済制度
　　1) 財政と投資：水危機への財政措置および投資の規模を算定する．

2) 経済効果：水危機への適応策の実施による経済効果を測定する.

3) 金融：水危機への適応策に関する金融制度を検討する.

③ 管理制度

1) 政府：水危機への適応策の実施に対する政府の方針を検討する.

2) 民間企業：水危機への適応策に対する民間の投資制度および協力制度について検討する.

3) PPP：水危機への適応策に対する政府と民間の協力の可能性を検討とする.

4.2.3 政策イニシアティブ

① 意思決定

1) 問題構造：適応策を推進するための課題を整理し問題構造を同定する.

2) アプローチ：適応策を推進するための意思決定システムを検討する.

3) モデル:適応策に適合する意思決定モデルを構築する.

② シミュレーションと ゲーミング

1) シミュレーション：意思決定問題でのシミュレーションを行う.

2) ゲーミング：意思決定にかかるステークホルダーによるゲーミングを行うための条件を設定する.

3) シナリオ：適応策が効果を発揮するためのシナリオを作成する.

③ 政策フレームワーク

1) 政策イニシアティブ：適応策の選択，実施に伴うコンフリクトに対して，シナリオに基づくステークホルダーの選好構造を同定，政策案を策定する.

2) 政策過程：政策案を決定する過程についての合意形成案を策定する.

3) 政策アウトカム：決定された政策の実効性，経済効果，社会的受容性について分析する.

4.2.4 戦略的適応策の有効性と限界

戦略的適応策は，個別適応策を実施する場合において，その背景的条件を整備するものである．その判断の実施にあたっての決定的な根拠とはなりえないが，

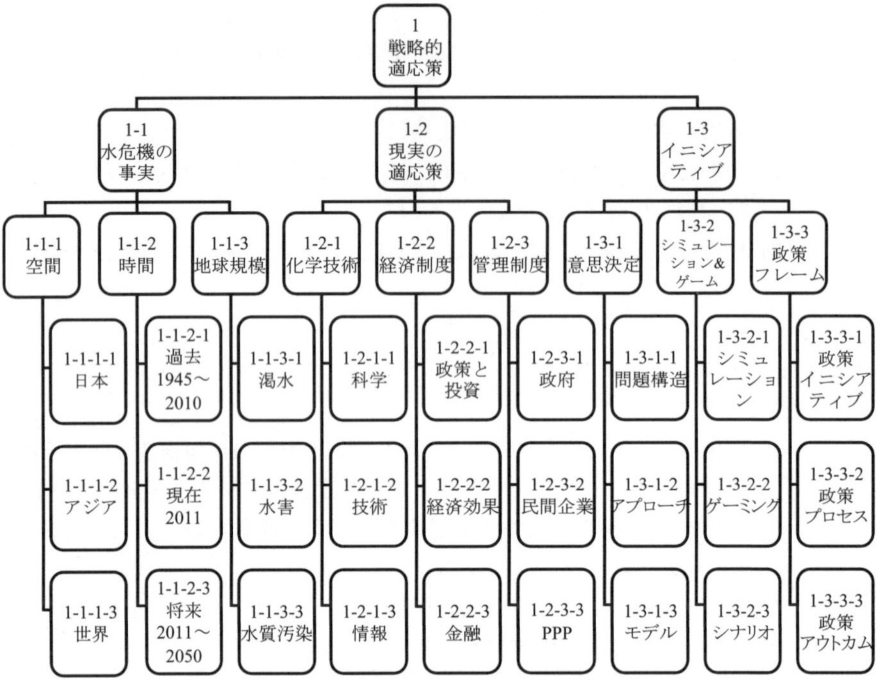

図 4.2 戦略的適応策のフレームワーク

1 戦略的適応策								
1-1 水危機の事実			**1-2 現実の適応策**			**1-3 イニシアティブ**		
1-1-1 空間	1-1-2 時間	1-1-3 地球規模	1-2-1 化学技術	1-2-2 経済制度	1-2-3 管理制度	1-3-1 意思決定	1-3-2 シミュレーション&ゲーム	1-3-3 政策フレーム
1-1-1-1 日本	1-1-2-1 過去 1945～2010	1-1-3-1 渇水	1-2-1-1 科学	1-2-2-1 政策と投資	1-2-3-1 政府	1-3-1-1 問題構造	1-3-2-1 シミュレーション	1-3-3-1 政策イニシアティブ
1-1-1-2 アジア	1-1-2-2 現在 2011	1-1-3-2 水害	1-2-1-2 技術	1-2-2-2 経済効果	1-2-3-2 民間企業	1-3-1-2 アプローチ	1-3-2-2 ゲーミング	1-3-3-2 政策プロセス
1-1-1-3 世界	1-1-2-3 将来 2011～2050	1-1-3-3 水質汚染	1-2-1-3 情報	1-2-2-3 金融	1-2-3-3 PPP	1-3-1-3 モデル	1-3-2-3 シナリオ	1-3-3-3 政策アウトカム

図 4.2 戦略的適応策のフレームワーク

代替手段もしくは実施しないという判断の場合の根拠となりうる．これらの要素についてデータベースを構築し，体系的・迅速な判断の根拠となる．

4.2.5 水危機に対抗する政策イニシアティブ

水危機に対する政策イニシアティブをとるためには，政府および地方政府の総合的政策の中でどのような位置を占めるかが重要である．そのためには，平常時におけるインフラストラクチャーの整備とともに，人的適応能力を向上するための訓練や制度も必要であり，地域の脆弱性評価に基づいた戦略的適応策の水準を評価するシステムを更新することが必要である．

◎参考文献 ───

1) Ertuna, Cengiz：Water Resources Development and Management in Asia and the Pacific, Environmental Soil and water Management;Past Experience and Future Directions, pp.1-36, 1995.
2) 環境と開発に関する世界委員会編，大来佐武郎監修：地球の未来を守るために，福武書店，1987 年.
3) サステイナビリティ学連携研究機構：地球持続戦略の構築を目指して (IR3S)2007, 2007 年 4 月 30 日.
4) 仲上健一：サステイナビリティ学構築と政策科学研究，政策科学の挑戦―政策科学と総合政策学―(中道寿一編)，日本評論社，2008 年.
5) 仲上健一：水資源環境研究とホーリスティクアプローチ，水資源と環境研究，第 18 巻，2006 年 3 月.
6) IPCC：IPCC 第二次報告書，1995 年 12 月.

◎基本文献 ───

1) 小宮山宏・武内和彦・住明正・花木啓祐・三村信男編：サステイナビリティ学 [全 5 巻]，東京大学出版会，2011 年.

5 メコン河流域諸国における気候変動への適応策

　メコン河流域開発は長い歴史を有しながら，ASEAN 共同体構想の中で新しい局面を迎えつつある．アジアの代表的な国際河川であるメコン河は，近年加速度的に資源開発，地域開発のためのインフラ整備が着実に進展しつつある．2009 年 11 月 6, 7 日に日本において「日本・メコン地域諸国首脳会議」[1] が開催され，日本とメコン地域諸国 (カンボジア，タイ，ベトナム，ミャンマー，ラオス) の 6 ヶ国の首脳による初めての首脳会議が開催され，その成果として，「東京宣言」と「行動計画」が発表された．総合的なメコン地域の発展，環境・気候変動 [「緑あふれるメコン (グリーン・メコン) に向けた 10 年」イニシアティブの開始] および脆弱性克服への対応，協力・交流の拡大の 3 本柱での取組みを強化し，「共通の繁栄する未来のためのパートナーシップ」を確立するとの認識が共有されるなど，「メコン河流域開発」にとって画期的な内容であった．これらの内容は，「持続可能な開発」「流域環境保全」「統合的水管理」の概念が「メコン河流域開発」に導入され，メコン河流域開発において環境保全戦略が中核になることを意味するであろう．本章では，メコン河流域開発の課題を整理し，メコン河流域各国における気候変動への適応策の現状を整理するとともに，メコン河流域における環境保全戦略を展望する．

5.1　メコン河流域開発における現状と政策課題[2]

5.1.1　メコン河流域の概況

　メコン河は全長およそ 4 900 km，流域面積 795 500 km^2 に及ぶ東南アジア最大の河川である[3]．チベット高原 (中国・青海省) に源流を発し，雲南省を通り，インドシナ半島の各国 (上流からミャンマー，タイ，ラオス，カンボジア，ベトナ

74 / 第 5 章　メコン河流域諸国における気候変動への適応策

表 **5.1**　メコン河流域 6 ヶ国の比較

	流域面積 (km²)	国土に占める流域面積の割合(%)	流域全体に占める国別流域面積の割合(%)	平均流量 (m³/秒)	総流量に占める割合(%)
中国(雲南省)	165 000	38	21	2 410	16
ミャンマー	24 000	4	3	300	2
ラオス	202 000	97	25	5 270	35
タイ	184 000	36	23	2 560	18
カンボジア	155 000	86	20	2 860	18
ベトナム	65 000	20	8	1 660	11
メコン河流域	795 000	—	100	15 060	100

出典:MRC, pp.4-7, Table1, Table2, 2003.
注)　出典をもとに著者が整理し,作成.

ム)を縦断し,南シナ海に至る.メコン河流域開発にかかる国別の流域面積と総流量を**表 5.1** に示す [4].

　メコン河流域には大小含めておよそ 125 の支流があり,多くの小流域を形成している.流域面積が約 10 000 km² を超える支流も数多く,セコン川 (28 710 km²) やセサン川 (18 710 km²) は国境を越えて流れる.メコン河の流域人口は 2000 年現在でおよそ約 6 500 万人であり,そのうち 80 % は郊外に住み,そのほとんどが農業や漁業を生業としている.

　豊かな自然環境を擁するメコン河流域において,アジア開発銀行の関与による大メコン圏 (GMS) 構想が提起された.特に,2002 年の第 2 次 10 年計画では,南北経済回廊,東西経済回廊,南部経済回廊,通信幹線,地域的電力網接続・売買制度,越境貿易・投資の円滑化,民間セクターの参加と競争力増大,人材・技能開発,戦略的環境保全体制,治水・水資源管理,観光開発の 11 課題が最重要プログラムとされた.また,メコン河流域開発における日本の関わりは長い歴史を有し,地域経済発展のために政府開発援助や直接投資が行われてきたが,近年,中国と大メコン圏諸国との経済関係は緊密になり,メコン河流域開発をめぐる国際環境は大きく変貌を遂げようとしている.

5.1.2　メコン河流域開発における現状と政策課題

　メコン河流域開発は 200 年以上に及ぶ長い歴史を有しながら,今日においては,ASEAN 共同体構想の中で新しい局面を迎えつつある.アジアの代表的な国際河川であるメコン河は,近年加速度的に資源開発,地域開発のためのインフラ整備

が着実に進展しつつある．南北経済回廊，カンボジア国道1号線を含む「第2東西回廊」といった運輸インフラ整備が急速に進展しつつある．

　一方，電力，情報通信技術，水資源管理分野，さらにはCLMV諸国への国際技術協力事業の展開も顕著である．メコン地域開発をめぐっては，「ASEAN統合イニシアティブ」に見られるように地域協力がASEAN内でより重視されてきており，また，メコン地域を含んだ市場統合の動きが進展しているといった状況がある．このような地域開発ポテンシャルが高まりつつある中で，地域間格差という，これまで以上に深刻な経済構造の脆弱性，さらには中国，インドの大経済圏の間に位置し，その発展の方向性がきわめて流動的な状況にある．

　一方，地球温暖化による気候変動に見られるように，メコン河流域の自然環境も激変しつつある．社会経済環境，自然環境の変化する中で流域開発の政策課題を明確化することは，これまでのメコン河流域開発のプロセスとは異なった方式が求められる．ここに，気候変動の緩和策と適応策という新たな視点で，メコン河流域開発および環境保全戦略を考察する意義を見出すことができる．

　最初に述べたように「日本・メコン地域諸国首脳会議」[1]は，「メコン河流域開発」の方向性を示唆する画期的な内容であったと評価できよう．日本政府は，メコン河流域諸国に戦後補償の時代から今日にいたるまで，洪水制御，水資源開発事業，電源開発事業等の開発プロジェクトにおいて，ダム建設等を通じて流域開発とかかわってきた．半世紀にわたる開発プロジェクトを通じて，経済的相互依存関係は大きくなった．一方では，近年の中国の経済発展にともない，中国とメコン河流域諸国との関係は急激に強化しておりメコン河流域諸国における日本の存在はこれまでに比較して相対的に弱まりつつあると言えよう．

　首脳会談において，これまでの関係を踏まえつつ，「日本のメコン地域に対するコミットメントを再確認」するとともに，「共通の繁栄する未来のための新たなパートナーシップ」の確立を強調する意味は，これまでの関係からより一層重層的な関係樹立のための意思の表明と理解できる．すなわち，ビジョンの共有として，「ASEAN統合および開放性，透明性，包含性，機能的協力の原則に基づく東アジア共同体設立に積極的に貢献する地域」として，メコン地域が位置付けられたのである．この意味するところは，従来の個別プロジェクト方式から，新しい地域理念の創造に責任を有するパートナーとしての関係に転換しようとするものであ

76 / 第5章 メコン河流域諸国における気候変動への適応策

る．この考え方を実現するために，日本は今後3年間で5000億円以上のODAによる支援を実施することを表明した．特に，「東京宣言」の重点分野の (2) 人間の尊厳を重んじる社会の構築では，(イ) 経済格差，環境・気候変動，感染症，自然災害といった人間の安全保障上の問題に適切に対処することで，メコン地域の人々が尊厳をもって共に生きる社会，バランスのとれた持続可能な経済成長の実現，(ロ) 環境・気候変動問題：「緑あふれるメコン（グリーン・メコン）に向けた10年」イニシアティブを開始し，日メコン間で協力を強化することで一致することが確認された．特に，持続可能な森林経営，省エネルギー・クリーンエネルギー，水資源管理等の分野で，これまで以上に資金的，技術的にメコン地域を支援するという日本政府の強い意思が表明された．すなわち，「緑あふれるメコン」を植林等通じて実現し，そのことにより豊富な生物多様性および自然災害への強靭性を築こうとするものである．さらに，水資源管理に関する協力，温室効果ガスの排出の削減等が日本およびメコン地域との協力により実現することが確認された．

これらの表明をより現実的に推進するためには，「持続可能な開発」「流域環境保全」「統合的水管理」の概念を「メコン河流域開発」に導入し，メコン河流域開発において環境保全戦略を中核にすることを意味するであろう．

メコン河流域開発が加速度的に進行する中で，「メコン河流域開発」の政策的課題として，次の3点についての展開が求められる．

① 持続可能な経済発展：大メコン圏各国の2006年における実質GDP成長率 (%)，および1人当りGDP(USドル) はカンボジア (9.6, 600)，ラオス (7.5, 656)，ミャンマー (5.5, 234)，タイ (4.8, 3 737)，ベトナム (8.5, 818)，中国雲南省 (12.3, 1 437) である [5]．各国における経済成長は，今後も力強く持続すると予測されている．持続可能な経済成長のためには，大メコン圏各国の連携とともに，経済格差の解消が重要である．さらに，大メコン圏と日本，中国，韓国を含む東北アジア，インド，バングラデシュを含む南アジア，マレーシア，シンガポール，インドネシアを含む東南アジアとの効率的な物流ネットワークの構築による経済交流が持続可能な経済発展を保障するであろう．そのためには，メコン河流域諸国のみの経済発展だけでなく，近隣諸国とどのような経済依存関係を確立するかが重要である．

② 流域環境保全：大メコン圏の中核をなすメコン河流域は，それぞれの国土

の大部分を占めており，経済開発とともに，流域の環境保全が求められる．豊かな自然環境の保全や自然災害対策のみならず，環境資源を活かした観光開発・産業開発・地域開発の展開が求められる．特に，電力開発のために計画されている大規模なダム建設においては，自然的・社会的・文化的環境を破壊する可能性が高いとともに，単なる一国だけの水資源管理だけでは解決できない問題を含んでいる．水資源開発事業においては，戦略的環境アセスメントの導入とともに，少数民族の生活保障，感染症対策等の人間の安全保障の視点が重要である．水危機と戦略的適応策についての方策の検討が求められる．

③ 統合的水管理：メコン河流域開発においては，個別河川の管理のみならず，「統合的水管理」の概念の導入が必要である．メコン河流域にかかる水資源環境問題は，常に変化しており，近年の気候変動により，従来の水文記録を大きく超えた現象が出現するであろう．

　　メコン河流域地域の気候パターンは，気候変動に伴い，大きく変化することが予測されている．メコン地域における地球温暖化を原因とした気候変動に関する研究は数多くなされている．それらの研究では共通して，メコン地域は気候変動によって，流域における気温差の拡大，雨季の降雨量の増加と乾季の期間の延長と大雨の頻度の増加，メコンデルタにおける洪水の増加と規模の拡大が挙げられている．他にも，メコンデルタへの塩水の浸入も懸念されている．様々な形で表れる気候の変化は，自然界の生態系に影響を与え，農業と食糧供給にも打撃を与えることになるだろう．以上の予想される気候変動危機に対処するべく，メコン河流域諸国は，独自に，もしくは国際的研究機関と協同して気候変動影響予測を行うとともに国家戦略を打ち出している．

　メコン流域国において，カンボジア，ラオス，ベトナムは市場経済体制移行国で，ここ最近は高い成長率を達成してきている．外国からの投資も拡大しており開発が進んでいる．これからさらなる経済成長が期待されている地域であるといえよう．しかし一方で行き過ぎた開発が自然破壊を引き起こすだけでなく地域住民の生活をも脅かすといった問題も生じている．さらに，気候変動による災害等で人々の生活基盤が破壊される可能性も出てきている．そこで，メコン河流域諸

78 / 第5章　メコン河流域諸国における気候変動への適応策

国は持続的な経済発展を前提条件においた流域地域の開発が求められる．さらに，水資源環境影響が複雑化する中で，社会的・文化的要素の重要性が高まってくる．その複雑性の中において，国際機関，国家，地方政府，企業，市民，NGO 等の様々なステークホルダーの調整が求められる．公平性，説明責任，透明性，効率性の基準や背景が異なる国々おいて，調整するための原理である「統合的水管理」の共通認識の醸成が求められる 6).

5.2　メコン河流域における気候変動の影響 7)

　気候変動による異常気象現象は，世界各地で甚大な被害をもたらしており，とりわけメコン河流域における影響は深刻である．ミャンマーで 45°C を超える記録的な猛暑のために 2010 年 5 月半ばの週末だけで 230 人が死亡し，メコン河流域では数十年来の干ばつが起こって農業用水や生活用水の確保が困難になるなど，その被害は年々深刻化している．

　IPCC による今後の予測では，2050 年代までに，特に大規模な河川流域において，淡水の利用可能量が減少する．また，沿岸地域，特に人口密度の高いメガデルタ地帯では，海からの洪水の激化，さらに一部のメガデルタ地帯では，河川からの洪水の危険性が非常に高まると予測された．急速な都市化・工業化・経済発展に伴う自然資源および環境への圧力が顕在化している．特に，水循環の変化が原因となる洪水・干ばつに伴う下痢症による死亡率および疾病率の増加が予測されている 8).

　IPCC の第 4 次評価報告書と前後して，メコン河流域における気候変動およびその影響の予測に関する研究が進展し，Eastham らの研究は，IPCC によるシナリオ A1B に基づいて，予想される気候変動のパラメータを示した 9).　それによると，気温は 0.79°C 上がり，流域北部において最も上昇すると予測されている．また降水量は，雨季では 200 mm，割合にして 15.3％増加し，乾季においては，北部の一部を除いたほとんどの地域で減少するという．全体として水の年間流量や農業生産性は増大するものの，洪水の頻度が増加し，とりわけ下流域における影響は大きいと予測し，メコン河流域の全地域においても降水量が増加することが予想した．さらに，洪水の可能性も増大すること，さらに，乾季における降水量

が減少することが見込まれることから，水災害および干ばつへの適応策が喫緊の課題であることを指摘した．言い換えれば，乾季と雨季という「時間」的な問題と，北部と南部という「空間」的な問題のいずれにも対応しなければならないところに，メコン河流域における気候変動適応策の複雑さがあるといえる．

5.3 メコン河流域の国際組織における適応策

5.3.1 MRC の適応策

MRC は，気候変動による影響に対処するため，メコン気候変動適応策イニシアティブ (Mekong Climate Change and Adaptation Initiative ; CCAI) を設置した．2009 年 2 月にメコン地域気候変動フォーラムが開催され，設置が決まった．CCAI は MRC 加盟国からの要請により設置されたものであり，「環境に優しく，経済的に繁栄し，社会的に公正であり，かつ気候変動による脅威に責任を持って適応していくメコン河流域」を目指すことを目的としている [10].

CCAI はメコン河流域諸国政府および実施パートナーによって活動を行うものである．CCAI の活動内容は，適応策の計画や実施とそのための能力開発，戦略の配置や更新，実施状況の監視や報告，および地域協力である．また，MRC の既存のプログラムをもとにして，グローバルな気候変動シナリオのメコン地域への落し込み，気候変動による水文動態のモデリング，流域における脆弱性の研究や脅威の評価，等を実施パートナー (SEA START, CSIRO, IWMI, GTZ)) と協同で行うこととしている [10].

2009 年 9 月に，メコン河流域全体および流域各国の気候変動による影響と今後の予測，そして適応策についてまとめた統合報告書が出された [10].

5.3.2 国連機関による適応策

国連開発計画 (UNDP) および国連環境計画 (UNEP) による共同組織「貧困と環境のイニシアティブ」(Poverty and Environment Initiative ; PEI) は，その一部として気候変動問題に取り組んでいる．PEI における気候変動への対応は国別に行われており，タイ，ラオス，ベトナムで実施されている．しかしながら，PEI という組織が貧困層における環境教育を推進するという性格上，実際には気候変

80 / 第5章 メコン河流域諸国における気候変動への適応策

動適応策の実施に向けたソフト面での対応が重視されており，その活動は能力開発や持続可能な形での貧困削減が主となっている[11]．

　国連農業食糧機関 (United Nations Food and Agriculture Organization；FAO) もまた気候変動関連の活動を進めている．例えば，洪水後の農業復興，水供給における不確実性への対処，農業の多様化や多種類の穀物等の地方における生活の適応策，等が行われきた[12]．FAO においても，その専門性を活かし，気候変動による異常気象時においても食糧を確保するようにするための活動を行っている．

5.3.3 アジア開発銀行における適応策

　アジア開発銀行によるメコン河流域開発の枠組みとして，拡大メコン圏 (Greater Mekong Sub–region；GMS) がある．アジア開発銀行による気候変動への対応は，この GMS における中核的環境プログラム (Core Environment Program；CEP) を構成する5つのコンポーネントのうち，生物多様性保全回廊イニシアティブ (Biodiversity Conservation Corridors Initiative；BCI) において計画されている．

　BCI による気候変動への対応は，①乾燥地 (高地) および湿地 (低地) における米収穫量の変化の適応策に関する研究，②カーボン・ニュートラルな運送回廊，③政策フレームワークおよびインセンティブによる運輸セクターの排出削減，④炭素基金を通じた森林減少・劣化からの温室効果ガス排出削減 (REDD) の促進，⑤インフラの適応策もしくは再配置によるコストの評価，⑥インフラ開発計画における気候変動影響の設定，⑦コミュニティレベルでの災害を想定した能力開発，の7項目に大別されて行われることになっている[10]．以上の活動は現在，準備段階にあるが，アジア開発銀行の資金力を活用したインフラ中心の適応策推進が期待される．

5.3.4 その他の組織における適応策

　これまでに述べてきた組織以外にも，多くの研究機関，NGO 等が，メコン河流域における気候変動影響への適応策に関わっている．例えば，日本の国際協力銀行研究所は，アジア開発銀行および世界銀行と協力し，バンコクやホーチミン等

の大都市における気候変動による影響評価を進めている [13),14)]. その他の先進国では，ストックホルム環境研究所がデータ分析手法の開発や適応策のためのパートナーシップ確立の推進，技術支援を通じた研究・コミュニケーションのための能力開発等を行っている [10),15)].

　一方，研究機関においては，国際自然保護連合 (International Union for Conservation of Nature) がメコン河流域各国における気候変動適応策のプログラムや戦略，行動計画の設計，気候変動への適応策に関する関心の喚起と能力開発，適応策および緩和策における政策および制度設計のサポート，等の広範な活動を行っている [10)]. また，国際環境管理センター (ICEM) は，ベトナムにおける海面上昇による影響 [16)] や，ホーチミン市における気候変動の影響と適応策の研究 [14)] を行っている. さらに，河川流域における土地および水の管理について研究を行っている国際水管理研究所 (International Water Management Institute) では，適応策のためのダムや灌漑設備等のインフラ整備が魚類に及ぼす影響の予測や水利用の改良，農業の生産性向上のための活動を行っている [10)].

　また，メコン河流域においては NGO の活動も盛んに行われている. 例えば，世界自然保護基金 (WWF) は，パイロットスタディを通じて気候変動による脆弱性の評価や乾季における水の利用可能性について研究を行っている [17),18)]. Oxfam では，ベトナムにおける災害リスク管理プロジェクトを行ってきた. この活動を中心として，Oxfam では緊急時の要請に備えている [10)]. さらに CARE においては，最も脆弱なコミュニティが気候変動による影響に適応できるようにすることを目的としている. CARE は「気候変動による脆弱性と能力分析」ツールを開発し，中央政府や地方自治体，市民社会が脆弱性の高い人々に対して果たすことのできる役割を示している [19)].

　メコン河流域における気候変動による影響に関して，世界中の様々な研究機関や国際機関，NGO が関心を寄せており，その影響評価や適応策の検討はかなりの程度進んできた. しかしながら，いくつかの研究が指摘したように，メコン河は生態系が非常に豊かな河川であり，また，いまだ発展途上地域であることから，適応策としてのインフラ整備による環境負荷や貧困層への影響にも配慮する必要性がある. 気候変動影響への対応ばかりに目を向けるのではなく，適応策の計画段階における社会影響評価や環境影響評価を通した慎重な検討が求められるとい

82 / 第5章 メコン河流域諸国における気候変動への適応策

える.

5.4 メコン河流域諸国の気候変動と適応策

メコン河流域諸国 (カンボジア，ラオス，タイ，ベトナム) において予測されている気候変動影響とその気候変動に対して各国が取り組んでいる適応策の現状について整理する.

5.4.1 カンボジアにおける気候変動と適応策

カンボジアは北をラオス，西をタイ，東をベトナムと国境を接しており，国土は南北に約440 km，東西に約560 km，面積は約18万 km^3 である．人口は約1200万人で，民族構成はクメール族が全体の約95％を占める．1993年5月のUNTAC監視下で選挙を経て政治的に安定をみせてから，経済面では計画経済から市場経済への体制移行が急速に進んだ．1993年に施行された憲法で市場経済化を進めていくことが記された．それ以降，投資・貿易自由化，金融自由化，民営化等の措置を実施してきた.

カンボジアでは，気候変動対策のために，気候変動の査定を目的とした様々なシミュレーションが行われている．最初の試みである GCM(General Circulation Models) を使用したシミュレーションでは，以下の予測結果が報告された[10].

① 年平均気温は2025年までに0.3〜0.6°C上昇，2100年までには1.6〜2°C上昇する.

② 年平均降水量は，2100年までに3〜35％増加する．低地域は高地よりも高い確率で降水量の増加が予測されている.

③ 降水量の拡大は，圧倒的に農業地帯にて発生すると予想されている．カンボジアの南東から北西におよぶ農業地帯の降水量は歴史的に国全体の平均降水量よりも低く，洪水や渇水に対して脆弱である.

オックスフォード大学によるカンボジアの気候変動分析では，IPCCシナリオを基礎として使用した将来の気候状況の予測がなされている[20]．年平均気温は2060年までに0.7〜2.7°C上昇，2090年までに1.4〜4.3°C上昇するとしており，GCMモデルよりも気温上昇を高く見積もっている．年平均降水量予測では，雨

季の降水量の増加と乾季の降水量の低下による降水量の幅広い増加が予測された.

カンボジア政府は，国内の気候変動予測の他に，国内の農業，林業，健康，沿岸水域における気候変動の影響について分析を行った[21]. カンボジアの農業において米作は伝統的な生計手段の基幹をなすものであり，国民の主食である. それ故に洪水の発生や降水パターンの変化はカンボジアの水田耕作において圧倒的な影響力を持つ. さらに，灌漑地域の少なさや水の獲得スキームの無さはカンボジアの農業部門を，洪水や渇水といった気候変動に対してさらに脆弱なものとするだろうと報告されている.

カンボジアの森林の 60％は乾燥林で，残りが熱帯雨林と湿森林である. 気候変動による降水量の増加は，土壌侵食を増加させ，森林劣化を促進する恐れがある. 森林の減少や森林の減少による生態系の変化，生物多様性の消失は水域保護や農業生産，水力電気の生産に重大な影響を与えるだろう.

以上に見てきたようにカンボジアでは降雨量の増加，平均気温の上昇，等が予測され，その変化によって国内の食糧生産や国民の健康に多大な被害を及ぼすことが予期されている.

気候変動に対して，カンボジア政府の取組みは次のとおりである.

カンボジアは 1995 年 12 月に UNFCCC を批准し，2002 年には京都議定書に加盟した. 気候変動に対する主要な政策フレームワークは，2007 年に UNFCCC に提案された NAPA(The National Adaptation Program of Action to Climate Change) である. フレームワーク設立の目的は，国家による気候変動に対する現実的な適応策を実施することにある. NAPA によって提案されたプロジェクトは，現在の気候状況に合ったものであり，国家の持続可能な開発に貢献するものとされている. 気象災害の頻度の増加を含む気候状況の変化を考慮して，優先度の高い活動が活発になるだろう.

その他のカンボジアの気候変動に対する政策やプログラムは気候変動の国際政策に完全に統合されているものではないが，ほとんどは被災後の緊急救援に焦点を置いている. 法令や法律は環境や持続可能な開発，気候変動に関係するものがあるが，明確に気候変動について述べているものはない.

国の社会経済開発計画において，気候変動の悪影響は簡単に扱われているだけである. 気候変動に関連する政策公文書としては，2006 年から 2010 年までの国

84 / 第 5 章　メコン河流域諸国における気候変動への適応策

家開発戦略計画や貧困削減戦略 2002 があるが，気候変動問題に関する言及はどちらの文書も含んでいない．

5.4.2　ラオスにおける気候変動と適応策

　ラオス人民民主共和国 (以下，ラオス) は中国，ベトナム，タイ，カンボジアおよびミャンマーと国境を接する内陸国である．人口は約 570 万人で国土面積は236 800 km^2 である．国土の約 8 割が山岳地域であり，国内には約 68 の民族が存在する．ラオスは国連により最後発国 (LDC；Last Developed Countries) とされている．1986 年に市場経済への移行，経済開発政策を示した「ラボップ・マイ」(NEM: New Economic Mechanism) が採択されて以降，経済開発が行われた．1990 年代は，アジア金融危機前まで年平均 6～7％の成長率を示していたが，金融危機によって投資が減少し，最近は 6％弱の成長にとどまっている[22]．

　ラオスでは現実問題として，極端な気候変動が発生していることも確認されているが，ラオスの気候変動に関するデータは他の国と比べて限られているのが現状である．2008 年 8 月に発生したメコン河の増水により多くの村や農地が浸水し，異常気象に対するラオスの脆弱性を露わにした[10]．

　NAPA(The National Adaptation Programme of Action to Climate Change) レポートは気候変動の影響はラオス国土全体に及んでいると主張している．しかしながら科学的根拠は乏しく，現在観測されている気候変動の要因が自然変動によるものなのか気候変動によるものなのか判断できないのが現状である．

　1990 年から 2010 年に起こった洪水や渇水は重大な経済的打撃をラオスに与えた．1995 年の洪水では，ビエンチャン平野やナム・グム地域において 1000 万 USドル以上の経済的損失を与えた．2005 年から 2007 年においては灌漑システムだけで 900 万 US ドル近くの損害を受けている．さらに，洪水や渇水といった自然災害は肺炎，天然痘，下痢や赤痢といった伝染病の感染拡大に繋がり人々の生活に被害を与えると考えられる．健康被害の他にも，ラオス国民の約 80％が農業に従事しており，自然災害は農業セクターや適応能力の低い国民の生活に強烈な経済的，社会的打撃を与えるだろうことが容易に予測できる．

　以上の気候変動と影響に対するラオスの行動を見てみる．ラオスは UNFCCCに 1995 年に批准し京都議定書には 2003 年に加盟を実現した．2003 年に NAPA

が開始された．NAPA の主要な目的は，人の健康や水資源，森林，農業といったキー・セクターに対する気候変動の影響に関連する緊急の対応を行うための国家によるプログラムを開発することにある．NAPA は，分野横断的な課題であり，国家環境戦略 2020，アクションプラン 2010，貧困削減戦略，国家森林戦略等に組み込まれたプロジェクトとして捉えられる．

　その他の気候変動にたいするラオス国家による対応は，2008 年に GEF(Global Environment Facility) からの資金提供と UNDP からの投資を受け，NSCC によって履行されて開始されたプロジェクトがある．このプロジェクトは国家の気候変動事務局の強化と技術作業グループとの協力のサポートを行う．さらに，ラオスの社会経済開発計画において提言されている，ラオスの開発戦略プロセスと総合企画策定を支援する．

5.4.3　タイにおける気候変動と適応策

　タイは約 6 340 万人の人口を有し，日本の約 1.4 倍の 513 115km^2 の国土を持つ国である．1980 年代以降，外国企業の積極的な進出，投資が拡大し著しい高度経済成長を遂げた．アジア通貨危機において経済は停滞することとなったが，今日においては ASEAN 諸国への輸出拠点として日本や欧米諸国の企業の進出が相次いでおり，経済成長が期待されている．

　タイの気候変動についてはいくつかの研究グループが調査を行っている．2003 年に CCAM(the Conformal Cubic Atomospheric Model) を使用して SEA START RC は気候変動シナリオを開始した．この調査によると，将来の二酸化炭素濃度は基準の 360 ppm から 540 ppm ないしは 720 ppm へ増加すると予想された[10]．その他の結果として，猛暑期間の延長と低温期間の短期化が主張された．

　その他の気候変動による影響としては，森林の構成が顕著な変化を見せると予想されている．亜熱帯地域生物が減少し，降水量の増加によって熱帯地域が拡大すると言われている[23]．亜熱帯性乾燥林がタイ国土全体の森林の 1.2 ％を占めているが，乾燥熱帯林に取って代わられると予想されている．

　天水による米作や穀物の栽培は気候変動に対して高い脆弱性があるとみなされている．例えば，穀物の収穫は 5 ％から 44 ％に減少すると予測されている．米の収穫の場合，さらに広範囲かつ多様であると考えられる．ロイエット県では米の

86 / 第5章　メコン河流域諸国における気候変動への適応策

収穫は57%減少すると考えられるが，スリンでは25%増加すると予想されている [10].

　国内における水資源の分配に関する問題が重大化している．その背景には水需要の拡大と水不足がある．気候変動は降水パターンに変化をもたらし，気温を上昇させる可能性がある．降水パターンの変化は表面流出のレベルや激しさに影響を与える．

　水資源に関する気候変動シナリオにおいて，最も注目すべき影響は，降水の量および規模の地域による変動である．猛烈な洪水や極端な渇水が発生する恐れがある．気候変動による水資源への影響は，実質的に農業開発にも影響を及ぼすものである．影響は穀物の収穫量や収穫パターンに現れるであろう．水力発電開発スキームが水資源問題の解決策として考えられるが国境を越えた影響を与えかねない．

　タイは1994年にUNFCCC，2002年に京都議定書を批准し，国際的な気候変動枠組みへの参加を果たした．タイ国家による気候変動に対する行動計画が2000年に完成した．この行動計画の開発は，タイの国家行動計画のフレームワーク作成を可能にした．そのフレームワークは，地球温暖化ガスの削減と気候変動による悪影響への適応策のための行動計画を含んでいる．

　行動計画構築のための国家の目標と方向性が規定された．多様なセクターで，プログラムを基礎においた温室効果ガス低減オプションが確認された．気候変動適応計画がキー・セクター (水資源, 沿岸資源, 健康, 農業) の組織的評価による情報をベースに設計された．適応計画の実行を推進するものとして，NCCO(The National Climate Change Office) と NCCF(The National Climate Change Fund) が設立された．2008年1月には，国家気候変動対策5ヵ年行動計画が承認された．主な内容は以下のとおりである．

- ・ 気候変動への適応と脆弱性低減のための能力強化
- ・ 持続的開発概念に基づいた温室効果ガス削減
- ・ 研究活動の支援と気候変動やその影響への国民の理解の向上
- ・ 市民参加の促進
- ・ 個人と組織の関係性の強化と，二者間の調整と統合のフレームワーク構築
- ・ 共通の目標と持続可能な発展を達成するための国際的協調

5.4.4 ベトナムにおける気候変動と適応策

ベトナムは，インドシナ半島の東部，南シナ海に面し，中国，ラオス，カンボジアと国境を接する国である．国土面積は $332\,000\,\mathrm{km}^2$ で人口約 8579 万人 (2009 年 4 月 1 日) である．ベトナムは 1980 年代以降，経済成長において目覚しい成果を上げてきた．その経済成長のきっかけとなったのが市場経済導入を目的とする改革政策 (ドイモイ政策) であった．その政策のもと外国からベトナムへの直接投資は増加していった．2009 年度の国内総生産成長率は 5.32 ％であり，産業別 GDP 成長率では建設業が最も高く 11.4 ％であった．2010 年の実質 GDP 成長率は目標の 6.5 ％を達成できるとグエン・タン・ズン首相は示している [24]．

メコン河と紅河デルタが気候変動によって危機にさらされているという背景から，ベトナムはメコン河流域諸国の中でも，気候変動によって最も激しい影響を受ける可能性がある国だと言われている．平均気温は 2070 年までに 2.5 °C 上昇すると予想されており，渇水や農業生産量の減少，流行性疾患の発生率の拡大などが影響として考えられる．

地域によっては，季節的降雨の量の変化の差が拡大すると言われている．2070 年までに雨季の降水量は約 19 ％増加，乾季の降雨量の低下と渇水頻度の増加が予測されている．ここ 30 年間でベトナムの海面は 5cm 上昇した．2050 年までに 33 cm，2070 年には 45 cm，2100 年までに 1 m 上昇するという予測がある [10]．

海面が 1 m 上昇するということは人口の約 10 ％が直接的な影響を受け，GDP の 10 ％に相当する経済的損失を負うことになる．さらに，海面上昇と雨季の降水量の増加が重なると，沿岸水域の低地地域は重大なインパクトを受けることは確実である．メコンデルタの 90 ％を含めた約 $40\,000\,\mathrm{km}^2$ の沿岸地域は氾濫するであろうと予測されている．この地域は，ベトナム国内で最も人口が集中しており人口全体の 22 ％に相当する 1 800 万人以上の人々が生活しており，さらに人口増加が進んでいる場所である [16]．

沿岸水域以外に，ベトナムの中央高地地域も気候変動の影響を受ける恐れがある．ベトナムの中央高地地域の経済は林業と農業をベースに成り立っているのだが，気候変動によって農業生産に多大な影響を及ぼす恐れがある．さらに，地下水位の低下もこの地域で予測されうる重大な問題である．メコンデルタ地域には

88 / 第 5 章　メコン河流域諸国における気候変動への適応策

重要な経済産業区域が多く存在し，水産養殖地域が低地の沿海部で盛んであるが，洪水や海面上昇といった危機に面する可能性は高まる一方である．

　ベトナム政府は 1994 年に UNFCCC を批准し，2002 年に京都議定書への加盟を実現した．それ以降，気候変動問題に対応する国を挙げての取組みを実現させるための政策公式文書を制定してきた．2008 年には，気候変動に対応するベトナム国家ターゲット・プログラム (NTP；The Vietnamese National Target Program to Respond to Climate Change) が承認された．NTP は国にとって当面取り組むべき優先順位の高い課題の解決を目的としている．NTP の戦略的方向性としては，気候変動による各セクターや地域別の影響を評価し，実現可能なセクター別行動計画を制定し，効果的に気候変動に対応することで自国の持続可能な発展を確実にすることにある．NTP の目標の内容は以下のとおりである．

- ・ 世界的な気候変動による，ベトナム国内への影響の程度の確認と各セクター，各エリアにおける気候変動影響の査定
- ・ 気候変動対応策の確認
- ・ 気候変動対応策の科学的，実用的基礎としての科学的，技術的活動の推進
- ・ 組織構成，制度面の能力，気候変動対応策の実効性の強化と確立
- ・ 国民意識，責任感，市民参加の強化と人材開発
- ・ 国際協調の推進
- ・ 社会経済分野や地域開発における気候変動問題の主流化
- ・ 各セクターや地域における気候変動対応行動計画の開発と実行

　自然災害の阻止，対応，緩和のための国家戦略 2010 がベトナムの災害管理政策フレームワークとして着手された．この国家戦略では，より一層の認識と参画の促進，人命の損失の最小化，洪水災害との共存の重要性を優先事項としている．

5.5　メコン河流域開発と環境保全戦略

　メコン河流域開発における主要な開発投資は，交通インフラ整備 (道路，・橋梁，鉄道，港湾，空港)，エネルギー開発 (水力発電)，資源開発 (森林，希少資源)，観光開発 (エコ・ツーリズム，カジノ)，工業団地等である．これらの開発投資とともに，大メコン圏への直接投資は，2005 年以降も急激に増加している．大メコン

圏の環境的特徴である伝統的な森林利用や河川利用，さらには山間部における少数民族は，これらの開発投資によって大きな影響を受けてきた．今日においても，新たな水力発電ダムが計画されている．このダム建設計画の方向は，関連機関とステークホルダーとの「Partner in the Initiative」を目指している．持続可能な水力発電開発のための環境配慮という姿勢は，1990年代後半から強調されつつある．

メコン河流域開発が健全で持続可能な開発のための政策的課題を実現するためには，次に示す環境保全戦略が必要である．

① 持続可能な流域開発と環境保全戦略：流域開発の戦略的目標を従来の経済発展から，大メコン圏の環境保全へと転換する．すなわち，開発に伴う環境社会影響を最小限にするという開発方式から，流域環境保全の水準を増大するためのコミュニティベースの開発方式とする．このことは，たんにメコン河流域開発がアジアの環境保全だけでなく，地球規模の環境保全のモデル流域に転換する契機となる．南米の森林地域に匹敵するメコン河流域になることで，気候変動に対する抑止力となるであろう．

② 国際協調と地域間格差の是正：大メコン圏の国家間および地域間の格差が拡大しないように，開発の目標・ルールについての意思決定の方式を協議するとともに格差是正の基準を設定する．特に，MRC, ASEAN, ADB, ESCAP等の国際機関が調整ルールを作成し遵守するシステムを構築する．現実的には，これらの国際機関は，国家間の調整力を有しているとはいえず，実際の経済的・社会的・政治的関係は，二国間の交渉で決定されている．国際協調がメコン河流域開発において重要であるとともに，この意思決定のルールが，長期的にはメコン河流域開発において利益をもたらすということを明確に示すことが求められる．

③ 適正な資源開発と自律的な地域発展：大メコン圏の各国の自然資源，人的資源を経済性・効率性の基準で開発する方式から，各国の長期的発展計画の視点から資源開発の協議を行う．中国の資源確保の動きは近年活発になっており，適正な資源開発は，たんに二国間で決定するのではなく，国際機関等による最適資源管理計画等を策定し，そこでの協議をもとに資源開発の水準を決定していくことが重要と思われる．さらには，資源開発における

90 / 第 5 章　メコン河流域諸国における気候変動への適応策

　環境・社会配慮として，特に山岳地域の少数民族の自律的な地域発展を促進する地域環境保全計画を策定する．

④ 水力発電計画と戦略的環境アセスメント：メコン河流域開発の最大のエネルギープロジェクトである，水力発電計画を各国および地域の長期計画の視点で作成するとともに，戦略的環境アセスメントを適応する．ダムの建設に伴って現在発生している自然的・社会的・環境的影響について，再度調査し，解決のためのルールを作成するとともに，水力発電計画がメコン川にどのような環境・社会影響を及ぼすかを定量的に推測し，関連地域住民に告知することが重要である．

⑤ 気候変動への戦略的適応策：気候変動が大メコン圏に気候的・水文的にどのような影響を及ぼすかを推測するとともに，社会経済的ダメージについて算定する．気候変動により大メコン圏におけるインフラ整備が脅威に晒されないように緩和策と適応策を講じることが求められる．各国の適応策が各国間でコンフリクトを起こさないように，超長期的・広域的な戦略的適応策を策定することが重要である．

5.6　お わ り に

　メコン河流域開発は，今まさに新しい時代を迎えようとしている．中国とインドという新興国に囲まれた大メコン圏に日本がどのように関わり，かつどのような国際協調が必要であるかを問われている．インフラ整備と資源開発の方式が再過熱化する中で，環境保全戦略に基づいた持続可能な開発構想が求められている．さらに，気候変動という，これまで経験したことのない状況下で，新たなる開発の方向性が求められている．

◎参考文献

1) 外務省ウェブサイト：
http://www.mofa.go.jp/mofaj/area/j_mekong_k/s_kaigi/j_mekong09_sg.html.
2) 仲上健一・濱崎宏則：メコン河流域開発と環境保全戦略，環境技術，Vol.39，No.3，pp.49-54，環境技術学会，2010.
3) Global International Waters Assessment：GIWA Regional assessment 55 —

Mekong River, p.16, 2006. 資料によって全長は異なっており，メコン河委員会の
ホームページでは4 800km と記されている．Mekong River Commission Website:
http://www.mrcmekong.org/about_mekong/about_mekong.htm, アクセス2009
年7月7日．

4) MRC：State of the Basin report, The Mekong River Commission, Phnom
Penh, Cambodia, 2003.

5) 畢世鴻：中国と大メコン圏開発，雲南大学報告資料，2010 年 1 月 23 日．

6) 仲上健一・濱崎宏則：気候変動と統合的水管理，国際公共経済研究, No.20, pp.18-27,
国際公共経済学会，2009 年 11 月．

7) 仲上健一・濱崎宏則・野中淳子：メコン河流域諸国における気候変動適応策と統合
的水管理，政策科学，18 巻 1 号，立命館大学政策科学会，2010 年 10 月．

8) IPCC：IPCC 第 4 次報告書，2007 年．AR4 の全文 (http://www.ipcc.ch/index.
htm).

9) Eastham, J., F. Mpelasoka, M. Mainuddin, et al.：Mekong River Basin Wa-
ter Resources Assessment;Impacts of Climate Change, CSIRO: Water for a
Healthy Country National Research Flagship, 2008.

10) MRC：Adaptation to Climate Change in the Countries of the Lower Mekong
Basin;Regional Synthesis Report, Vientiane, Laos PDR, 2009.

11) UNPEI：http://www.unpei.org/index.asp, アクセス 2010 年 6 月 15 日．

12) FAO：Profile for Climate Change, Rome, 2009.

13) World Bank：Climate change impact and adaptation, study for Bangkok,
World Bank, Bangkok, 2009.

14) ICEM：Ho Chi Minh City Adaptation to Climate Change Study Report,
ICEM, Ho Chi Minh, 2009.

15) Snidvongs, A. and S-K. Teng：Global International Waters Assessment,Mekong
River, GIWA Regional assessment, No.55, 2006.

16) Carew-Reid, J.：Rapid Assessment of the Extent and Impact of Sea Level
Rise in Viet Nam, Climate Change Discussion Paper 1, ICEM—International
Centre for Environmental Management, Brisbane, 2007.

17) WWF：Climate Change Impacts in Krabi Province, Thailand, 2008.

18) WWF：Study on Climate Change Scenarios Assessment for Ca Mau Province,
Technical Report, 2008.

19) CARE：The Climate Vulnerability and Capacity Analysis Handbook, CARE
International, 2009.

20) UNDP：Climate Change Country Profiles, Cambodia.lowres.report.pdf., UNDP.
2008.

21) MOE：National Programme of Action to climate change(NAPA), Royal Gov-
ernment of Cambodia, 2006.

22) 日本政策投資銀行・メコン経済研究会：メコン流域国の経済発展戦略，日本評論社，
2005 年．

23) MOSTE：Thailand's Initial National Communication under the United Na-

92 / 第5章　メコン河流域諸国における気候変動への適応策

tions Framework Convention on Climate Change, MOSTE, Bangkok, 2000.
24) 日本貿易振興機構：ズン首相，10年のGDP成長率6.5％達成に楽観的，世界のビジネスニュース，アクセス2010年6月28日，
http://www.jetro.go.jp/world/asia/vn/
biznews/4c244f5cef808.

◎基本文献

1) United Nations. Economic Commission for Asia and the Far East[編]，通商産業省公益事業局訳：メコン川下流域水資源開発計画，メコン河総合開発調査会，1958年.
2) W.R.デリック・シューウェル，ギルバート・F.ホワイト，安芸皎一訳：メコン河の開発，時事通信社，1968年.
3) 堀博：環境と開発，古今書院，1996年.
4) アジア開発銀行：メコン河流域地域における域内経済協力，2000年.

6 水危機と公共水システムの復権

　地域と水と環境に関する全貌をなるべく大きくとらえてみると，私たちが今位置しているところは全貌の中の一隅に過ぎないことがわかる．その一隅があたかも中心であると錯覚して，周辺に技術的対策や法的基準を堅固に設定しても，その実態はあるべき本質的全貌から簡単に逸脱し，回復不能な環境破局・公共水システムの破綻に逢着するのは自明である．

　末石冨太郎が発したこの警告は，今 (2011 年 1 月) から 35 年前の 1976 年 5 月の「公共水システムの復権」(経済評論，Vol.25，No.5) に見出すことができる．現在においては，水システム，地域システム，社会システムといった部分システムだけでなく，国家システム，国際システム，地球システムそのものも，ある意味では破綻に逢着しつつある．35 年前のシステム破綻に対する末石の警告が，「果たして空しいものに終わったのか，また，その対抗勢力としての市民が育ちつつあるのか」という根本的問いかけを，末石の水研究の系譜と水戦略を総括する中で検証したい．これは，「水危機への戦略的適応策と統合的水管理」という課題設定そのものが，ある意味では過剰適応であり，水問題への本質を外れていないかの検証でもある．

6.1 都市環境システムの復権

　　街路，河渠ハ，兵時ニ消防ニ衛生ニ商業ニ運輸ニ悉く相牽連セザルモ
　　ノナシ．・・・道路，橋梁，河川ハ本ナリ．水道，家屋，下水ハ末ナ
　　リ．自然容易ニ定ムルコトヲ得ベキモノトス (1884 年)[1]．

　この目的合理的な思想は，今日においても営々として流れてきた．今日では，都

市計画を策定する場合において環境保全が配慮されることはあっても，都市計画において市民の生活文化が主役たりうることはまだない．都市計画における水の位置は，あくまでも従属的なものであり，けっして都市環境の破局を防止するものまでとしては成長していない．しかし，水が「地域」「環境」「文化」という人間復権装置として，その役割が近年急速に見直されているという現象に留意することは必要である．都市システムと水システムを比較する時，そこに流れる原理と技法において顕著な違いが存在する．すなわち，「都市」は，効率性基準のもとに「使い捨て」ができても，「水」は，生命・生態系という根源的な意味で，あらゆる生存環境空間において本来的に「使い捨て」ができないのである．

6.1.1 都市における水問題と地域計画

> 都市における水問題は通常，「渇水」「浸水」「水質汚濁」「親水空間の欠如」など，水の存在様式の過剰と不足をあらわす用語によってとらえられる[2]．

　この段階で，水技術者や水計画担当者の社会科学的な問題意識的思考は停止してしまい，後はディーテイルな各論に精力的に突入するのが常であった．この皮相的な技術者の行動様式を善しとしない末石は，「技術対策や経済投資は，いうまでもなく都市活動の内部から生みだされているはずのものである．しかし，現実の都市水問題への対処は外部志向型である」[2]と喝破する．水問題対処のあるべき方向として，

> 内部の矛盾に視点を向けることによって，意図されたことではなかったとしても隠蔽されてきた身近な都市水問題の因果連鎖を発見し，都市の再活性化のため行政と市民が共同してカネの使い方を工夫することによって，都市のあらゆる水を地域資源として様式化することが可能となろう[2]

と提唱した．ここにおいて，末石は，都市における水問題を解く鍵を「市民」と「地域」に光を見出そうとした．それは，都市水問題があまりにも安易に「市民」を多用し，かつ水は「地域」と決して切断できない資源であることを思い起こさせるための研究闘争宣言でもある．

そこでは，問題を解くキーコンセプトである「地域」について，とりわけ「地域計画」の硬直性を「定形型地域計画」と規定し，その転換を鋭く迫っている．その定形の第一として，「定住人口設定」，第二として，「地域住民の価値観の多様化と縦割り行政とのギャップ」を指摘している．

「定形的地域計画」を打破するベクトルとして「環境」に期待と思いをかけたのである．すなわち，「環境」はもちろん単目的でなく，すぐれて多目的である．1960 年代の後半以来多目的・多段階計画の研究が東西呼応して始まったのは，この国と同じ経済と環境のコンフリクト状況が世界的に進行しつつあったからである．この成果を国土や社会にうまく融合させておれば，国際的にも評価の高い公害対策をさらに越えた環境計画／生態計画として，「定形型地域計画」に置き換える基盤は既にできあがっていただろう」[2] と，環境の持つ可能性に期待を示しつつ定形的地域計画への対案の有り様を探っている．さらに，地域水問題の外部化現象を上下流問題として再評価し，

　　　　下流の可視化とは外部の可視化であり，可視化の重要なキーワードが
　　　　確率である [2]

と論を進めている．しかし，

　　　　行政が行うマクロな確率的便益の期待値計算が個人の知識・経験・負
　　　　担意識の多様さになじまないのが当面の欠点である [2]

という通説的確率運用の原因を

　　　　リスクを内部問題として取り扱うための社会的情報の未成熟にある [2]

とした．これは，水を「生活のための財，そして少し進んだ考え方として「経済財」，またさらには「公共財」として認識する中で，水を「情報」とみなしたことに末石の先見性が確認できる．今日の，IT 戦略の文脈の中で，この認識を技術的・制度的に実現できる可能性は高まったと見ることができよう．そして，「定形型地域計画」からの離脱の最大の担保として，「地域学習」が提起され，また末石自身が，組織的にも実践してきた．すなわち，

環境家計簿のような技法をも含めて，地域学習の支援・誘導機構を大学が生みだす必要が示唆される．筆者はこの機構を URECS(University and Region Education Complex System) と命名し，その構成，地域支援応用，さらにより成熟をめざす研究を新しい「地域学」と定義している[2]

である．現状を変革するには，歴史的に拘泥された問題の一面的な批判だけでなく，新しい創造活動をもって挑戦するという革新的精神が必要なことを示したのである．

6.1.2 水環境区の構想

「都市環境の破局」への対抗手段として，「新しい地域学」を提唱した末石は，既に，「都市環境システムの復権」の理論化を終了していた．「都市環境の蘇生―破局からの青写真―」[3] では，蘇生のための手術道具として，「廃棄物めがね」「環境容量」「困難度の経済学」「禁欲型技術」「家政工学」という斬新な理論と奇抜なアイディアが用意された．破局へ向かっているシステムを蘇生するための新しい技法が成立することがなければ，旧来の技法では，最終的に同じ結論に到達することを直感的に予測したからであろう．末石は，都市環境の破局を「廃棄物環境」と呼び，いわば「生者必退」を天空から読み取った．そして，

> 本来見えるはずのないものを地上にいながら見るにはどうしたらよいのだろうか．もちろん科学の世界では情念は通用しない．しかし，私たちが何か潜在意識をもっていると，ある時ふっと虫の知らせを受けることがあるように，私が大阪空港の上空で見たのは，もしかすると二十年か三十年後の大阪からの虫の知らせだったのかもしれない．現在私たちが目で見，最新式の科学計器で測定している環境の現象がすべて仮の姿であり，実体はもう少し先に進んでいると考えてもよいのである[3]

都市環境の破局を見る目 (廃棄物めがね) がなければ，たとえ破局という実態があっても認識できなければ，対策もできないのである．
都市環境システムの復権のために，最初の試みは，

経済効率をなお環境の拡大を通じて追求するものとすれば，結局行き
着くところは同じである[3]

という原理に対抗するものとして，生活の中に種々の概念の循環を定着させることが必要として，「環境を閉じる」という新しいコンセプトを提案した．これは，「環境容量」として環境サイクル，廃棄物環境の概念を展開させるものとしてきわめて重要な役割を果たした．それは，「水循環が，再び経済拡大を呼び起こす」という，それまでの定説を根底から覆すためには必然的に構築しなければならなかった概念である．

「環境を閉じる」という実験的試みは，井戸，河川の伏流水，ため池において，実践された．それらの試みは，

いずれも見えにくいものを見るめがねをかけることによって，環境を
閉じる第一近似の境界を求める方法である．しかしこれらの境界は，
地域計画図の上に具体的に表しにくいのが欠点である．また，一方，
地域計画自身にも，たとえ実験的な試みでもよいからある地域で実行
に移し，欠点を補っていくという方法論が欠けていると思う[3]．

ここに，蘇生への試みと現実の厳しさが見られる．誕生した生命を育み，成長させる技法は多く存在するが，蘇生の技法は未成熟なのである．環境サイドからの訴えと，地域計画からの理解ある接近が不可欠なのである．

水計画や環境計画が地域計画にとって「先行的」でなければならないかをいかに主張しても，やはり「開発的」発想によって地域活動を高めようという行動がまずあって，次に受動的に水や環境が検討されてきたことは否定できないと思う．したがって私自身も，いまだかって，まず地域を閉じた環境として認識して環境容量 II(多層的・複合的な環境サイクルの中枢であり，最も重要度の高いもの) を定めてから，人の住み方，産業立地のしかた，道路のつけ方などの全般に及んだ計画をたてた経験はまったくない．地域計画グループに機会を与えられなければ環境を閉じる構想さえも描けないというレベルの能力を，なかなか脱出できなかったのである[3]．

環境から地域計画を創るという逆転の発想は，理論的にはありえても，現実としては条件そのものも成立しないのである．しかし，たとえ失敗であろうとも多

98 / 第 6 章　水危機と公共水システムの復権

くの経験を積み，そこでの貴重なアウトプットを体系化し，蘇生の技法を構築するしか方法はないのである．その意味を踏まえて，末石は，次のように総括した．

> いつも受身の立場で分析的な研究ばかりをしてきた水分野が，もし従来の方向を固守すれば，水環境区構想では水路の自浄作用はたいして期待できないというようなことをあげつらって，またまた反対の立場にまわるだろう．しかしこれら反論は単に効率がわるいといっているだけで，安定な環境を実験的に指向することしか残されていない地域計画の場では，けっして通用しないことを銘記しておこう[3]．

　これは，けっして敗北宣言ではなく，これからの「環境学への道」[4] への，旅立ちの決意表明である．

6.2　「公共水システムの復権」を読み解く

　「公共水システムの復権」(末石冨太郎) は，「経済評論」(vol.23, No.5, 1976年5月) によって世に問われた．当時，末石は，京都大学工学部，大阪大学工学部，京都大学経済研究所の教授を兼任するという，まさに文武両道という名に相応しい研究活動を展開していた．本論が発表された時期は万国博覧会 (1970年) が，爆発的な成功を収めて終わり，その余韻が覚めやらぬ高度経済成長期の真っ只中という空気の中で執筆されたということが銘記されなければならない．以下の引用は，「公共水システムの復権」による．

> 「こい，ふな，しらうお，あまさぎ，うなぎ，すずき，しじみ」これを宍道湖の七珍味という．昭和46年の早春，宍道湖の水資源調査のため松江を訪れた時，私は久しぶりにしらうおの繊細な味を賞嘆することができた．しかし同時に，わが国の広い範囲に分布している「こいやしじみ」までがなぜ珍味だろうかとふと疑問をもった．ところが，これら珍味にももっと無感覚になっているのが今日の都会人の大部分ではなかろうか．もし私たちが「なぜこいやふなが珍味か」という疑問すらもたない体質に染まりつつあるとすれば，地域計画や水資源計

画に関与するものとして重大な誤りを犯すおそれがあることに，調査
開始早々私は気づいたのである[5].

　日本中が高度経済成長の熱気にあおられて，何も考えずに，何も止まらずに，ただひたすらに，思考をなまけながら夢中に行動した時代に，時代をただ推進するはずだけの工学者から，問題を政治的・経済的に批判するという単純な手法でなく，いわば文学的香りのする，人の思考を思い出させるインパクトのある論調が強烈である．この，文章が執筆されて，35年が経過した．宍道湖・諫早湾問題は，末石の指摘どおりになった．これは，たんに環境問題が予測どおりの結果になったという単純なことを意味するのではなく，それまで決して問われることのなかった「公共事業」を評価するという，国民的意識が醸成されたことによるものが大きい．本論文は，未来予測のものでもなく，2つの計画策定に関与する，別の言葉で言えば，理論的にリードする立場でありながら，あえて危険を冒しながら発表されたものである．

　　宍道湖の東に連なる中海地域では，昭和38年以来，約2800ヘクタールに及ぶ干拓計画が農林省主導で進められ，平行して中海と日本海との締切りがはかられた．宍道湖を通って流下する斐伊川の淡水で鹹水を徐々に追い出すためである．こうして中海・宍道湖の1万5000ヘクタールが淡水化されると，その水は干拓地と沿岸既耕地の農業用水に向けられるはずであった．ところが，昭和41年に中海地区は新産業都市に指定され，干拓地の一部を工業用地とし，さらに湖の観光開発をも含めて周辺のいっそうの発展をはかるので，「工業用水と都市用水が足りない」という名目が付け加わると，事業は全く単純に「宍道湖の全湖淡水化―広域水資源開発」へとエスカレートしたのである．島根県当局が私に要求した調査には，このような水資源開発方式と諸種の対策に重点があった．しかし私が現地をはじめて見た時には，宍道湖周域の水需要予測はどんぶり勘定のまま，もうすでに締切り水門はその威容を誇っていた．以上のような中海・宍道湖開発計画の過程で，農業開発→工業開発→米の減反へと変化した政策が複雑にからみあっているが，計画に最も真実味を帯びさせたのは，やはり「開発→

100 / 第6章　水危機と公共水システムの復権

　　用水不足→淡水化」という時代遅れの論法であった．あまつさえ昭和
　　48年夏の全国的な大渇水はこの計画の正当性を立証する宣伝材料に
　　すらなった[5]．

　ここで問われた時代遅れの論法は，たんに宍道湖プロジェクトだけでなく，他
の水資源開発事業，すべての開発事業にも共通するものであった．もっと付言す
れば，開発事業だけでなく，日本システムそのものが時代遅れであり，暴走して
いたのである．田中角栄著の『日本列島改造論』[6]に代表されるように，計画の
正当性の論理ではなく，計画の推進性の論理で判断されていたのである．

　　中海の汚濁が検討されはじめたのは昭和42年頃からである．しかし，
　　干拓工事が直接間接周辺地域の活動を増し，また締切り水門が水域を
　　閉鎖して汚濁を促進すると述べて開発に反論することは，今日では児
　　戯にも等しいといえるだろう．そこでこれら反論を封じる形で，当初
　　は影も形もなかった宍道湖下水道計画が再び政府ベースの流域別下水
　　道総合計画の一つとして策定されるように，水質監視や水門調節のコ
　　ンピューター化などのあらゆる対策の実施が声高に叫ばれる．このよ
　　うな状況では，さて，開発＝汚濁源の強さと水質保全対策のいずれに
　　軍配が上がるのか，予断は全く許されないのである[5]．

　「締切り水門が水域を閉鎖して汚濁を促進する」という「漁民の叫び」は，2001
年の今日においても，諫早湾プロジェクトにおいて「ギロチン」という名で国民
に流布し，その影響が有明海のノリの養殖被害発生として，国会において緊急課
題として論議されたのが事実なのである．ひょっとしたら，35年が経過した，現
在も我々は「時代遅れの論法」で過去をそして未来を見ているのかもしれない．

　　既定の計画を確保するために次々と打たれる対策は，農林・通産・厚
　　生・環境・建設などの省庁や県の各セクションの微妙な勢力バランス
　　にのったものであるから，これらの対策が相互に何の関係もないとい
　　い切るのは語弊があろう．しかし，人口や生産活動の増加の社会的需
　　要を前提にして，水利用・水資源開発計画をたて，さらにそれに伴っ
　　て発生する環境問題を検討するという立場は，高度経済成長時代の思

想と同一であり，従来通りの開発の推進役でしかない．なぜかといえば，従来型の需要の中には抑制可能で弾力的な部分が必ずあり，たとえ対策が劣勢でも水資源や環境への影響があいまいになるレベルで需要を一時縮小することによって，問題はいつでもなしくずしに解決される一方，開発という「衣の下の鎧」は，社会の要請という仮面を被っていつでも姿を現す体制が維持されるからである．本四架橋が最近の好例である [5]．

高度経済成長時代の思想の実現の手法として，計画の曖昧性による対処というきわめて日本的であり，かつ官僚的である方法の存在を末石は喝破した．それは，世界に冠たる本四架橋においてもしかりである．本四架橋の存在意義はあるものとしても，その財政計画は，初めから破綻していたのは万民の認めるところであった．また，一方では，水資源や環境への影響が曖昧になることも一因である．1966年10月，米国下院科学宇宙委員会の科学研究開発小委員会での報告会で，テクノロジー・アセスメント (技術被害予測) という用語の公式発表が行われた．これが，今日の環境影響評価の原型であるといわれているが，ある面では制度的に「曖昧さ」を科学する能力や制度を我々は持てなかった時代でもある [7]．

宍道湖の水資源問題を総合的に研究せねばならぬという動因を，以上に述べた計画前提にどうフィードバックするか―わかりやすくいえば計画のみなおし―が，私を含め研究者の能力の問われることである．しかし，島根県当局の意向も多くの研究者のとった道も，干拓や淡水化がどのような汚濁を発生させ，そのゆえに上水道や下水道の技術対応はいかにあるべきか，という方向ばかりであった．このような状況はちょうど，「こい，ふな，・・・」という珍味に何の疑問ももたぬ人たちによって，地域は全く破壊の実験場と化しつつあるに等しいといっても，あながち誇張ではないと思う [5]．

日本列島がこのようなプロセスで，「地域は全く破壊の実験場」となっていった．そこには，反省もなく，創造もなかった．今日でいうミティゲーションという手法もなく，ただ開発目的を達成するがための補足的な位置付けによる技術対応だ

102 / 第6章　水危機と公共水システムの復権

けが存在していたのである．また，上水道や下水道の技術対応そのものには，い
ろいろな問題点が指摘されていたにもかかわらず，盲信的に適応されていた．

　　私は辛うじて「こい，ふな，・・・」に疑問をもったからこそ，無謀
　　にも「地域計画の全面的書きかえ」を試み，「地域水需要からみた宍
　　道湖水源の評価に関する研究」を3年間の研究課題とした．これは，
　　人口・産業や道路の配置を書きかえることではもちろんない．いかな
　　る指導原理をもち込めば，地域計画・水資源計画の理念が変えられる
　　か，ということである．つまり，水需給を通じて維持させられるあら
　　ゆる地域活動が，広義の環境としての宍道湖のよしあしによって評価
　　される道筋の再発見と保全，さらにできれば新しい動機づけによって
　　研究の第一目的は達成される．研究の着眼として最も重要なことは，
　　前述のような評価の目―「こい，ふな，・・・」を含めて地域を見る目
　　―をもって事に当たるかどうかにかかっている．そこで私はまず地元
　　の有識者からのヒヤリングに重点をおいたのだが，共通して指摘され
　　たことは，開発による悪影響よりもむしろ地域の後進性のよさであっ
　　た．しかし，宍道湖と人々の暮しとのつながりは，すでにほとんど絶
　　たれて久しいという．そのつながりを絶ったのは湖岸の堤防であり，
　　護岸であり，道路であるという．つまり，これら工作物の働きによっ
　　て，もし洪水や渇水や不便な水運を宍道湖の中―そして暮しの外―に
　　封じ込むことができれば，この断絶が完成する．こうなってしまえば，
　　淡水化された宍道湖は，あたかも遠隔の水源ダムと同等になり，極論
　　すれば，暮しの近くに広い水面の存在することを無用ときめつけては
　　ばからないだろう．広域水道がしらぬ間に水を供給してくれ，汚濁水
　　もまた流域下水道によって中海から日本海に放流排除されて当然とな
　　る[5]．

　「地域計画の全面的書きかえ」を試みた末石は，「いかなる指導原理をもち込め
ば，地域計画・水資源計画の理念が変えられるか」という，研究の糸口として地
元の有識者からのヒヤリングに重点をおいた．しかし，そこで，見たものは，「断
絶」であった．この断絶は，宍道湖に限定されたものでなく，日本最大の湖であ

り，最大の水資源開発事業である琵琶湖でも，また，日本各地に散在するきわめ
て日本的で歴史的な水システムである溜池[8] においても見られる．計画担当者，
事業推進者よりも，より強固な存在が浮かび上がったのである．

　　もう一度「こい，ふな，・・・」の組み合わせにもどって考えてみよ
　　う．これは人々の暮しと湖との関係が今よりももっと密接であった時
　　に，わが国の全国的水産資源の分布状況とは全く無関係に地元がつく
　　りあげた珍味であったに違いないと気づくのである．いわゆる経済的
　　基準のもとでは，これらが価値の高い魚ではないことは明白である．
　　だから「こい，ふな，・・・」に無感覚になってもやむをえまい．こ
　　うして，見慣れた経済的価値基準を前面に押し出して開発を評価する
　　仕組みに地域が次第に染まっていった過程を凝縮してみれば，宍道湖
　　周域での暮しと水との地域構造はおそらく音をたてて崩れ去ったこと
　　であろう．したがって私の研究は，宍道湖周域の水需要構造にいかに
　　地域差が残っているかを見出せれば，大きな成果になるといえたので
　　ある[5]．

　「宍道湖周域での暮しと水との地域構造」の崩壊を，「宍道湖周域の水需要構造
にいかに地域差が残っているか」という研究で実証しかつ，そこに一縷の望みを
託したのである．

　　3 年間一再ならず県当局と衝突しながらも，水計画の転換という基本
　　方針を貫いた私は，またまた諌早淡水湖の水質判定を仕掛けられたの
　　である．昭和 48 年夏のことであった．諌早湾は有明海に面する面積
　　1 万ヘクタールの内湾で，むつごろうで有名である．この地域の干拓
　　計画は古く昭和 27 年にさかのぼるが，その後の計画内容の変遷が中
　　海・宍道湖計画によく似ている点が興味深い．宍道湖の全湖淡水化を
　　加えることで，中海開発の効率が高まるという方式と同様に，昭和 45
　　年に策定された長崎県南部地域総合開発計画では，諌早湾の全面干拓
　　をやめて約 4800 ヘクタールの淡水化湖を残し，上水・農業用水を合
　　わせて一日 109 万立方米の取水計画がたてられた．これによって，長
　　崎市および諌早湾背後地域の慢性的水不足が解消されるものとされ

104 / 第6章 水危機と公共水システムの復権

た．この水源が飲料水になるのならば造成を進めるべきであるという
答申が前年末に出ていたし，漁業補償交渉も始まっていた．水質検討
委員会に対する県の諮問は，事業の前提としてきた飲料化の達成が可
能か否かということであったのに，議論はしばしば，この水を飲まね
ばならない，飲むための対策はどうかという，いつもの方式に傾きが
ちで，私は舵を取り直すのに苦労した．委員会は推進派と慎重派の混
成だったからである．2年にわたる検討の過程で，「とにかく飲める
と答申せよ」という圧力がいろいろな形で私にかかってきた．宍道湖
の場合とも共通していえることは，わが国の各府県は，工業開発，過
密分散や，環境，福祉，水資源の何でもよい，当面の社会目標に同じ
開発計画を短絡させながら中央政府の金を引き出そうとしていること
である．また，歯に衣を着せないでいわせてもらえば，造成推進論者
は児島湾，中海，諫早湾，・・・と，淡水湖化研究の実証の場を求め
ているにすぎない[5]．

　宍道湖の水計画の転換という基本方針を貫いた末石は，またまた諫早淡水湖の
水質判定という場面に遭遇した．そこでの開発論理は，宍道湖の場合と完全なほ
ど同じ状況であり，また，ここにおいても新たな「破壊の実験場」が誕生するの
である．
　2001年1月28日，福岡，佐賀，熊本，長崎の4県の5860人の漁民が1345
隻で，諫早湾抗議デモが行った．「真っ赤な文字で『水門を開けろ』と書かれたの
ぼりを掲げた漁船が，灰色のコンクリートの水門目指して水しぶきをあげ，突き
進む．堤防前に千隻を超える漁船が集まり，船体を寄せ合っていくつもの列をつ
くった」(共同通信小玉原一郎記者，2001年1月28日)．これは，1979年12月
21日の1420隻5000人の諫早湾の全部を閉め切る「南総」事業に反対する海上
抗議デモとほぼ同じ規模である．その後，湾外3県漁連を含む1万人海上抗議デ
モ(1980年9月4日)等により，事業は中止に追い込まれた[9]．
　2001年時点においても，諫早湾，ひいては有明海の問題は，最もシビアな環境
問題として国会の場でも論議されている．30年前の計画，そして事業が，今日の
人々を苦しめている．「持続可能な開発」という，環境・開発理念からほど遠いこ
の種の事業が，今日の私たちに問うているものは何であろうか．

「一億総懺悔」だけでは済まない何かを我々が見出さなければならない．そして，21世紀を展望した場合，我々はこのような論理に代わる何かを見出したのであろうか．米国の水資源開発政策は，一切の事業を中止し，新たなる代替案を模索するという大転換を図った[10]．日本においても，公共事業は本格的に評価されるようになっており，これまで，計画の根本的議論を決してすることのなかったいくつかの水資源開発事業においても中止という判断がなされた[5]．

> 諫早湖の水源となる本明川の現在の水質に関する限り，高度浄水技術によって飲料水の水質基準は満たせるであろう．しかし，琵琶湖南湖や霞ヶ浦と比較して，諫早湖が近い将来富栄養化することは決定的で，その上流域活動の活発化によってその後の水質がどう変わるのかは予測もつかない．そこで私がまとめた結論は，次のような厳しい前提が達成できればはじめて，「諫早湖は広義の上水道源(必ずしも飲料用とは限定できない)となる可能性はある」であった．すなわち，
>
> ① 流入水の水質維持のため背後の流域活動を規制する．
> ② 流域の汚水処理体制を強化する．
> ③ 取水管理機構を確立する．
> ④ 水需給計画を弾力化する．
> ⑤ 長期間のデータ蓄積と調査研究を継続する．
> ⑥ しかしながら，これら前提の内容は淡水湖造成に関して適用される種々の対策技術に比較してはるかに実施困難な要因を含んでいるので，飲料水問題の現状と将来について地域住民の理解協力を得ることは最も重要な前提である[5]．

これらの前提条件の実施や達成については，つぶさに検証することが必要であろう．しかし，今日の事態を見るならば，事業はもっと深刻に展開した．

> 大阪では琵琶湖南湖の水を飲んでいるがその水に比べてどうか，といった専門的事項は，この際判断尺度にしてはならないと思う．諫早湖の場合は当然，より条件のよい宍道湖の場合でも，将来伸びるに違いないというレトリカルな水需要に安易に依拠し専門的対策ばかり

追ってゆけば，無条件に完全な―コストが非常に安いことを含む―浄
水技術と下水道技術の開発が絶対に必要となる．しかしそのような技
術が存在する確信はまだ得られない．本来，飲料水の水源は流域最下
流部の湖に求めるべきではない．水質予測の答を得ようとして，たと
え数千万～数億円を投じて現状水域の一斉調査を行っても，データが
発生しそれが測定される必然度を，将来に向かっての社会的ゆらぎや
自然の重層構造を通して見抜く目がなければ，まさに暮しと遊離した
湖にお金を捨てていることにほかならない[5]．

「将来に向かっての社会的ゆらぎや自然の重層構造を通して見抜く目がなけれ
ば，まさに暮しと遊離した湖にお金を捨てていること」に気付きながら，それし
かできないのが現実である．そして，瑣末な研究・計画が累々として継続されて
いる．求めるところは技術でもなく，経済でもなく，社会システムの変革にしか
ないのであろう．

わが国の地域開発が常に政府主導・大規模型―そして結果的に地域破
壊型―でないと進行しないところに転換すべき本質的問題の第一が存
在する．地域破壊・環境破壊を解消する責務は第一義的には国にある
ので，中央政府の力を要求することは必ずしも誤りではない．しかし
地域が独自で合理的かつ安定な構造をまだ見出しえていないとすれ
ば，猫の目のように変わる社会目標をタイミングよく先取りすると同
時に，30年以上の将来を見通していなければならない．私たちはま
さにねじれた時空間に身をゆだねているのである[5]．

「ねじれた時空間に身をゆだねている」ということを自覚しながら，地域に「光」
を見つける作業をしなければならないのである．

以上のように，地域と水と環境に関する全貌をなるべく大きくとらえ
てみると，私たちが今位置しているところは全貌の中のほんの一隅に
過ぎないことがわかる．その一隅があたかも中心であると錯覚して，
周辺に技術的対策や法的基準を堅固に設定しても，その実態はあるべ
き本質的全貌から簡単に逸脱し，回復不能な環境破局・公共水システ
ムの破綻に逢着するのは自明である[5]．

6.2 「公共水システムの復権」を読み解く / 107

「中心であると錯覚」する思想は，事業の推進力になっても，解決の道でない．
末石は，このような問題意識をもって，さらに水問題，地域水需給構造，水コ
ストへと論を進める．その結果として，「公共水システムの蘇生」の重要性を提示
した．

> 私は最近の 10 年をかけて，破局が迫っている都市問題・環境問題の
> 構造を見抜き，蘇生のための具体策を提起すべく，物質論的・技術論
> 的に廃棄物めがねをかける環境計画手法を提案し，これにもとづいて
> 「困難度の経済学」なる概念に到達した（「都市環境の蘇生」）．本稿
> では以下に，廃棄物めがねをかけて経済の悪弊の蓄積問題に応用する
> ための展望を述べ，むすびとして公共水システムの蘇生の道を提示し
> てみたい [5]．

公共水システムの蘇生の道を探る方法として，「困難度の経済学」をもって経済
システムを解明し，経済効率性の思想を打破しようとした．

> 私たちは最適値を求めるときによく，目標を操作変数で微分をしてゼ
> ロとおく．しかし，もしその目標を操作変数によって積分したものと
> おきかえれば，従来の最適化手法はいったいどのような意味をもつで
> あろうか．操作変数による積分の最も一般形は，ある空間規模を掛け
> 合わすこと，またはある時間長さを掛けることである．つまり，前の
> 節に述べた閉鎖循環型の目標 $q \times P \times T$ （q：都市の一日当たりの用
> 水量，P：人口，T：q の循環に P の人口が関与・接触する延時間）が
> この積分を経ていることが理解できよう．しかし，$q \times P \times T$ を，新
> しい方法にせよ，古い方法にせよ，経済的に定量化する方法がない以
> 上，ここに独特の発想の転換が必要になる．つまり，従来の評価方法
> が誤っていたからこそ $q \times P \times T$ を評価する構造に近づきえなかっ
> たネガティヴな要因を，既存の尺度で測定するのである．これが廃棄
> 物めがねの思想である．水道や国鉄の単位活動量当たりの赤字額の累
> 積値が $q \times P \times T$ の裏の値に相当している．この種の累積赤字額の
> 大きなシステムこそ内部循環型地域構造に転換する必要性に迫られて
> いるともいえるだろう．この種のシステムの目的論をもう少したたか

わす必要があるのだが，やはり結論を急がねばならない．新しい最適化は，赤字額のような過去のシステム目標の裏の値をいったん時間で積分してその蓄積量を求め，それをもう一度変数と考えたシステム境界 (空間または時間) で微分するのである [5].

「困難度の経済学」は，従来，何の疑いもなく微分してきたものを改めて問い直すというところから出発した．新しい最適化は，現象の集大成の評価や吟味でもなく，それを出発として，さらに挑戦的な新しい目標を見据える作業である．赤字額のような (廃棄物，因習等) 過去のシステム目標の裏の値をいったん時間で積分してその蓄積量を求め，それをもう一度変数と考えたシステム境界で微分することがどれだけ政策的に意味をもっているかが重要である．しかし，これまで思考の対象ですらなかった廃棄物に新しい思考を導入しなければ問題解決しないことは確かなことである．

さて，水は果たして従来の経済システムとなじみうるのであろうか．1 トンという大量の水がわずか 60 円ということもなじみの少ない証拠である．また逆に，わずか 1 トンの水は河や湖の中では観測誤差のオーダーである (藤野良幸)．このような状況で，公共料金とか限界費用とか，あるいは費用便益などの抽象概念をいかにエスカレートさせても，累積赤字額が最大限に達したシステムでは，[積分値の微分] ＝ [現在の個々の人間の思考] ＝ [公共料金無料] という動機づけが得られるに違いない．国鉄はいざしらず，少なくとも水の場合にはここに大きな着眼点がある．そこへいきつくまでに必要なプロセスをもう少し述べておこう．現在私たちが夢疑っていない発展を追求している社会では，種々の都市問題・環境問題を抑制するためのハードな施設をとにかく普及することが必要であろう．この段階では，物的な費用を相当かけることになり，いわゆる高福祉・高負担の状態が現れる．しかし，これらハードがある程度更新され，動機づけが変わりはじめ，安定な発展期に入るべき次の時代は，ハードの維持と新しいソフトウェアの開発に重点が移るだろう．少なくとも物的な意味ではコストレス社会に近づいていくだろう．水道や国鉄の赤字の大きいことは，いわ

ば公共的コストレスの方向を選んでいるともいえ，同時にあらゆるシビルミニマムが達成されておれば，情報管理の高度化と入れ替えにコストレス・マニーレスの社会は実現可能であると思われる．すなわち，飲料水は絶対に不足しない用途別の水道や，生活環境の維持が必ず保証できる高度分流下水道を，社会構成員の相互協力体制によってほぼ無料で使用することができ，施設を供与している行政側とその施設によってサービスを受ける需要者側との契約は，水量・水質に関する情報交流を媒介とした相互満足の動機づけにもとづくのである[5]．

　ここで，「困難度の経済学」を実証するために，水をハードとしての水，ソフトとしての水というパターン認識で整理を試みた．21 世紀が水道事業の維持更新の時代といわれる今日においては理解することが可能な論理であるが，水道拡張時代においてはきわめて先見性のある思考である．コストの概念および，コストレス社会のイメージを持つことが，コスト中心主義の経済学から離脱する第一歩として，従来からの経済理論の批判から出発するのではなく，末石の得意とする水を基軸として論理展開を始めたのである．

　　要は水なら水を単なる物とはみないことである．いわんやお金ともみないことである．情報が配られているのである．水は自然の法則に従って流れてくるのは当たり前であって，需要家は水その他の物を用いて情報活動を行っているのである．飲料水以外の用途については，節水をして満足をしてみたり，無駄づかいをして満足してみたり，さらにいえば，水という情報を媒介として供給側と需要側の両端にいる人がつながっているのである．これこそが行政の真髄である．こうして，ハードな多元的な水利用施設を接続するソフトな組織こそが公共水システムである．要は，システムが合目的であるかどうかの評価構造が，トップダウン型行政の一ヶ所だけにあるのではなく，逆に市民集合の随所に，しかもその時間的・空間的構造に応じて判断基準を変えて用意されるのである．京都の市民は，水道の水源が琵琶湖であり水が疎水で運ばれていることをよく知っている．しかしその先の家庭までのメカニズムについてはかなり覚束ない．それでも私たち市民

は，いつでも欲しいだけきれいな水が得られるものと疑いすらいだかない．そのかわり，水が臭くなるとか水圧が低下するなどの異常に対して苦情をいう能力をしか市民に与えていないのが現在の水・情報システムの実状である．しかしここで，50 メートルばかりの道路に沿った 10 軒の家に対する水道管の特性には，簡単かつ厳然たる法則の実在していることに気づかねばならない．管の口径を 2 倍にすれば断面積は 4 倍になる．水圧が同じであれば約 6 倍の水量が流せるのである．この投資は果たして有効であろうか．もし 10 軒の家が同時に水洗便所のフラッシュバブルを押さなければ，多分それは不必要な投資になるだろう．その不要な投資の結果は，隣接ブロック相互に非節水型水道管の投資をますます競い合う破目になる．逆に 10 軒の家がみな小さな貯留タンクをもてば，余分の投資をもちろんせず，公共的にはコストレスで，水圧低下もほとんどなく，一斉にバルブを押すことも不可能ではない．この際，水道管などの追加投資は必要ない．問題は情報・意志決定システムのつくり方である．私たち水需要者に要求されることは，端末のボタンを押して何のためにどれだけの水がいるかを供給側にしらせることだけである．供給側は 10 軒ごとのブロック水要求度を目的別，時間別に優先順位を判断し，需要者に ON・OFF を指令して，実際の水利用記録もファイルする．OFF 指令が出ても守らない集団は，将来の優先度が割り引かれる．私のいう「困難度の経済学」は，この水道の例のように，時間・空間中での多元な意志決定と下からの経済性 (尾上久雄) にもとづく，高度文化系を問おうとしているのである．残る仕事は，$q \times P \times T$ に対する蓄積限界容量の求め方である．毎秒 1 メートルの流速で一秒たてば同じ水が 1 メートルだけ動くという思考ではこの解は得られないだろう．鴨長明の「ゆく川の流れは絶えずして，しかも，もとの水にあらず」という感覚の中に鍵が潜んでいそうに思うのである [5]．

　ここでは，水を情報とみなし，そして，水システムを公共システム，行政システムとして，論理を組むことが可能であると展開した．そのことは，時間・空間中での多元な意思決定と下からの経済性という，水使用者を「市民」とする経済

学の必要性を指摘した.

> 研究というものは，わずか5%の人さえもその必要性を感じないうち
> から着手しておかないと，本当に必要な時に役立たないものである．
> 現実に目に見える必要があって行われる研究は，かえって全体を悪く
> するのに加担するのではなかろうか．なぜならば，所詮，総合的な対
> 策は実施が困難であって，それは確実にある分野の犠牲の上に成りた
> つからである．私は，宍道湖の周辺調査において，宍道湖からの距離
> によって地域を層状に分割し，生活必需用水・生活基礎用水・生活ゆ
> とり用水・ならびに環境用水とに分割して住民の満足度を調べたこと
> によって，ようやく地域的水需要構造に差のあることを見つけだすこ
> とができた．たとえ一人当たりの用水量は少なくても，余裕をもった
> 水利用特性を示す地区が現存していたのである．にもかかわらず，大
> 規模水道や流域下水道の普及を一歩すすめるだけで，この地域構造が
> 崩壊に二歩近づくこともまた明らかになった[5].

「困難度の経済学」の研究の意義は，その視点で研究した場合にしか見えない
結論と，本質を見ない場当たり的かつ凡庸な研究により導かれる恐ろしい結末と
の違いを認識させ警告することにある．

> もし私たちが現代をわが国の水問題の歴史の結節点として眺めるなら
> ば，本稿で私が述べてきたように検討を，ありとあらゆる地域につい
> て独自に展開しなくてはならないことはいうまでもない．そしてそれ
> は，単に環境問題や水資源問題だけではなく，人口，資源，経済，文
> 化の問題にまで視座の及ぶものである．これらの全解決のための最後
> の切札が「水システム」であることも，総合計画分野でほぼ統一され
> つつある見解とみてよい．水分野には果たしてこの任に耐える能力が
> あるだろうか．もし一律型大規模上下水道や水循環の方策しかなけれ
> ば，公共水システムは都市環境破局の最後の引金を引く役目をみすみ
> す負うことになるだろう．私たち技術者にとっても，技術の適用寸法
> を拡大して高度経済成長に加担する時代は完全に終焉をつげた．鉄と

112 / 第6章 水危機と公共水システムの復権

コンクリートを離れて，再び土と水の個々の要素に技術が綿密に還元されるべき時を迎えているのである [5]．

6.3 水危機に対抗する「公共水システムの復権」

「公共水システムの復権」は，警告だけでは世の中は変らない．何か，研究者として，オピニオン・リーダーとして，そして同時代の思想家としての末石の警醒の論文であった．全解決のための最後の切札が「水システム」であるという，思いと自負が，さらに展開すべき方向性として，水の持つ固有の自然・文化・市民というキーコンセプトの再発見をもって都市環境の蘇生が可能であることを末石は主張した．

主張は，水と都市と環境を基本フレームワークとし，「市民」「公共」「文化」「危機」を問題解決のキーワードとして新しい論理展開して用いた [11)~14)]．

現状を憂い，批判し，新しい分析フレームワークを開発し，そして，新しい社会概念を創造して，水と都市と環境の蘇生を構想し，かつ実践がなされた．21世紀は，まさに水と都市と環境の時代である．20世紀において準備された，膨大な危険要素が一気に露見する世紀であるとともに，一方では，20世紀において思考された対抗措置が，その危険を回避することを追求する時代である．「社会問題複合体」の解明から，問題解決のための「システム戦争」の世紀である．システム戦争の担い手は市民であり，その市民は，「市民研究」という視点で問題解決のための新しい思考を創造しなければならない．新しい世紀において改めて「公共水システムの復権」の意味を問う時，私たちがまた，「なぜこいやふなが珍味か」という疑問を持ち続けることを固く決意することが求められている．人間の思考の限界を超える複雑なシステム社会において，過去をリセットとし，常に新鮮な目 (新しい廃棄物めがね) として「水思想」で政策科学化することが求められるのである．

「水危機への戦略的適応策と統合的水管理」を構想する時，問題解決型という信念のもとに，従来パターンのシステムや技法が跋扈する可能性がある．水は公共のためであるという視点を思い続けることが，真の意味での「戦略的」な発想であろう．

文献 / *113*

◎参考文献

1) 内務卿兼府知事芳川顕正：市区改正意見書 (明治 17 年 11 月 14 日提出,『東京市区改正品海地区港審　査顛末』所収, p.9)；出典／石塚裕道：「東京市」研究の方法論的序説, 国連大学人間と社会の開発プログラム研究報告 (HSDRJE-2J/UNUP-22), 技術の移転・変容・開発-日本の経験プロジェクト-, 技術と都市社会研究部会, 1979 年.
2) 末石冨太郎：都市における水問題と地域計画, 都市問題, 第 76 巻, 第 8 号, 1985 年 8 月.
3) 末石冨太郎：都市環境の蘇生―破局からの青写真―, 中央公論社 (中公新書 405), 1975 年.
4) 末石冨太郎：環境学への道, 思考社, 1982 年.
5) 末石冨太郎：公共水システムの復権, 経済評論, Vol.25, No.5, 1976 年 5 月.
6) 田中角栄：日本列島改造論, 日刊工業新聞社, 1972 年.
7) 仲上健一：環境経済システム論, 実教出版, 1986 年.
8) 久次冨雄・仲上健一・盛岡通・末石冨太郎：ため池の文化遺産と今日的課題, 環境文化, 20 号, 1976 年 2 月.
9) 共同通信, 小玉原一郎記者, 2001 年 1 月 28 日.
10) 仲上健一：21 世紀の河川環境, 環境技術, Vol.25, No.12, 1996 年 12 月.
11) 末石冨太郎：水・エネルギーと生活圏構想, ジュリスト (増刊総合特集)11 号, 1978 年 8 月.
12) 末石冨太郎：水と平和と民主主義, 市民研究, No.41, 1978 年.
13) 末石冨太郎：水文明のトリレンマ, TOMMOROW, 11 巻 3 号, 1997 年 1 月.
14) 末石冨太郎：水環境リスクと市民参加, 環境と健康, 10 巻 3 号, 1997 年 9 月.

◎基本文献

1) 末石冨太郎：都市環境の蘇生―破局からの青写真―, 中公新書, 1975 年 8 月.
2) 末石冨太郎：水資源危機―渇く都市をどう救う―, 日経新書, 1978 年 4 月.
3) 末石冨太郎：環境学への道, 思考社, 1982 年 4 月.
4) 末石冨太郎：環境学ノート, 世界書院, 2001 年 3 月.

◎おわりに

　本書『水危機への戦略的適応策と統合的水管理』の狙いは，持続可能な社会構築のためのイノベーションとして，水の技法を位置付けることにある．持続可能な社会において，必然的に都市のウォーター・セキュリティの重要性が高まっている．水危機の水準が高まるにつれ，ウォーター・セキュリティを確保するためのイノベーションの内実化が求められる．さらには，水危機に遭遇するにしても，平常時においては，より快適な水環境が求められるであろう．さらには公共水システムの復権が希求される中で，水共生社会のグランドデザインつくりのための社会的構想力が必要である．

　本書では，戦略的適応策のフレームワーク作りの第一ステージということで終わっているが，水危機に対する戦略的適応策推進のための政策イニシアティブ構築のためには，社会経済システムに受け入れられかつ期待されるよりフィージビリティの高い施策が必要である．

　本書が，気候変動に伴う水資源環境影響に対する適応策および統合的水管理に関する議論へ一石を投じることができれば幸いである．

　2011 年 3 月

著　　者

| 【著者紹介】 |

なかがみ けんいち
仲 上 健 一
(http://www.ritsumei.ac.jp/~nakagami/)
1948 年生まれ
1974 年 名古屋大学大学院修士課程修了
1976 年 京都大学大学院博士課程中退
1981 年 大阪大学工学博士
・博士論文:『多重属性効用関数法による地域・水環境システムの評価に関する研究』

現在:立命館大学政策科学部教授

■**専門領域** 環境経済・政策,水資源・環境政策,アジア太平洋都市環境論
■**主要著書**
・環境経済システム論,実教出版,1986
・サステイナビリティと水資源環境,成文堂,2008
・都市の水環境の創造,技報堂出版(共著),1988
・環境と開発,岩波書店(共著),2002
・水資源・環境研究の現在,成文堂(共著),2006
・政策科学の挑戦,日本経済評論社(共著),2008
・Designing Our Future :Local Perspectives on Bioproduction, Ecosystems and Humanity, UNU Press(共編著),2011
・Establishing a Resource-Circulating Society in Asia: Challenges and Opportunities , UNU Press(共著), 2011
■**学会**
・政策情報学会会長(http://www.policyinformatics.org/)
・国際公共経済学会会長(http://www.ciriec.com/)
・水資源・環境学会理事(http://www.jawre.org/)
・環境技術学会理事(http://www.jriet.net/)

水危機への戦略的適応策と統合的水管理   定価はカバーに表示してあります.

2011 年 3 月 25 日 1 版 1 刷 発行   ISBN978-4-7655-3449-9 C3036

著 者 仲 上 健 一

発行者 長 滋 彦

発行所 技報堂出版株式会社
〒101-0051
東京都千代田区神田神保町 1-2-5

日本書籍出版協会会員
自然科学書協会会員
工 学 書 協 会 会 員
土木・建築書協会会員

電 話 営業 (03) (5217) 0885
　　　 編集 (03) (5217) 0881
Ｆ Ａ Ｘ (03) (5217) 0886
振 替 口 座 00140-4-10
http:// gihodobooks.jp/

Printed in Japan

ⓒ Kenichi Nakagami, 2011

装幀 浜田晃一   印刷・製本 三美印刷

落丁・乱丁はお取替えいたします.
本書の無断複写は,著作権法上での例外を除き,禁じられています.